THIS IS AN ANDRE DEUTSCH BOOK

Published in 2019 by André Deutsch
An imprint of the Carlton Publishing Group
20 Mortimer Street
London W1T 3JW

A CIP catalogue for this book is available from the British Library.

ISBN 978 0 233 00607 9

Printed in Dubai

Editor: Isabel Wilkinson
Art Editor: Katie Baxendale
Designer: Anna Matos Melgaco
Picture Manager: Steve Behan
Production: Marion Storz

BIRDS

Ornithology and
The Great Bird Artists

Dr Roger J Lederer,
Ornithologist and Emeritus Professor of Biological Sciences

ANDRE
DEUTSCH

图书在版编目（CIP）数据

鸟类博物志 / （美）罗杰·J.莱德尔著 ；刘勇，潘先强译. — 长沙 ：
湖南科学技术出版社，2021.12
　ISBN 978-7-5710-0993-9

　Ⅰ．①鸟… Ⅱ．①罗… ②刘… ③潘… Ⅲ．①鸟类－艺术 Ⅳ．①Q959.7②J

中国版本图书馆CIP数据核字(2021)第112589号

NIAOLEI BOWU ZHI
鸟类博物志
著　　者：[美]罗杰·J.莱德尔
译　　者：刘　勇　潘先强
出 版 人：潘晓山
责任编辑：刘　英　李　媛
装帧设计：长沙有象文化创意有限公司
责任美编：谢　颖
版式设计：王语瑶
出版发行：湖南科学技术出版社
社　　址：长沙市芙蓉中路一段416号泊富国际金融中心
网　　址：http://www.hnstp.com
湖南科学技术出版社天猫旗舰店网址：
　　　　　http://hnkjcbs.tmall.com
邮购联系：本社直销科 0731-84375808
印　　刷：湖南天闻新华印务有限公司
　　　　　（印装质量问题请直接与本厂联系）
厂　　址：湖南望城•湖南出版科技园
邮　　编：410219
版　　次：2021年12月第1版
印　　次：2021年12月第1次印刷
开　　本：889mm×1194mm　1/12
印　　张：19
字　　数：135千字
书　　号：ISBN 978-7-5710-0993-9
定　　价：128.00元
（版权所有·翻印必究）

鸟类博物志

[美] 罗杰·J. 莱德尔————————著

刘 勇 潘先强————————译

湖南科学技术出版社

BIRDS

目 录

绪 论
INTRODUCTION

　　从最早的人类祖先雕刻或绘制带有羽毛动物的形象开始至今，鸟类作为艺术的对象，至少已有4万年的历史。数百年来，随着我们对鸟类世界的探索逐渐深入，以及我们对它们的态度逐渐改变，鸟类的艺术再现也在发生变化。本书是选取了17世纪开始至今大约40位鸟类艺术家的佳作荟萃，反映出我们的相关知识和态度对鸟类艺术演化过程的影响。

神话和象征

　　从最早的历史开始，鸟类就出现在我们的民间传说、神话和象征中。古埃及人很多神的形象都是鸟。古希腊的陶制水罐、碗和杯子上都绘有鸟的图案。亚利桑那州西北部的霍皮印第安人在陶器、沙雕和木桌上使用鸟或羽毛的图案。17世纪以前，鸟类在许多文化中都是精神指引的象征。雀代表升入天堂的灵魂，孔雀代表永恒的生命，乌鸦代表邪恶的思想，猫头鹰代表智慧，秃鹫则代表贪婪和腐败。

　　有些鸟比其他鸟更引人注目。渡鸦与神话、民间传说以及艺术联系在一起。在《圣经：创世纪》一书中，诺亚在洪水过后从方舟放出一只渡鸦，以确定洪水是否已经退去。印第安人认为，渡鸦是来自宇宙的魔法、信息的使者。在中世纪的绘画中，红额金翅雀经常被用来描绘基督复活的故事，它的翅膀为金色，脸面呈红色，喜欢食用蓟的种子，成了宗教的象征。

左图：埃及亚历山大鸟类别墅马赛克地板上的黑水鸡。

右图：阿奇博尔德·索伯恩《孔雀与孔雀蛱蝶》，1917年。

鸟类学和插画

在欧洲，鸟类插画可能始于腓特烈二世撰写的《鸟类狩猎艺术》（约1245年）。为使该书内容更丰富，页边空白处配有鸟的彩色图案。第一本描述鸟类自然史的书当数《自然之书》，由康拉德·冯·梅根伯格于1480年前后汇编而成。

15世纪后期，木版画开始流行起来，尤其是在印刷术出现以后。第一部采用木版画的鸟类书是法国人皮埃尔·贝隆著的七卷本《鸟类自然史》，1555年出版。1557年，瑞士人康拉德·格斯纳的《动物史》出版，该书附有217幅木版画。1599—1603年，意大利人乌利塞·阿尔德罗万迪出版了一本篇幅更长的书，该书根据鸟类的食物、行为或栖息地对它们进行分类。这三部作品都在鸟类学和插画方面下足了工夫。阿尔德罗万迪的作品尽管错误疏

漏之处甚多，却是此后100年间的标准参考书。荷兰解剖学家沃尔彻·考伊特对鸟类做过解剖，他提出了一个基于内部解剖学的鸟类分类系统《不同鸟类》，并确立了鸟喙与进食习惯之间的联系。

文艺复兴时期，有许多以鸟类为对象的写实绘画作品，只是它们的背景有欠自然。梅尔希奥·洪德库特尔的《动物园》展示了几只鸟和两只猴子栖息在一堵旧墙上。弗朗斯·斯奈德斯的《有仆人在的贮藏室》是这个时代代表性的鸟类画作：室内摆满猎物，包括一只天鹅及其他动物，以备宴会之用。在这个时代，许多野生鸟类为人们的餐桌增光添彩。

17世纪出现了越来越多的动物园，包括由王室和富翁饲养珍奇鸟类的鸟舍。1622年，意大利自然学家乔凡尼·皮埃特罗·奥利纳的《鸟舍》（又名《自然的语言和不同鸟类的属性》）一书出版，该书论述了鸣禽的性质和特征。

Callidrys
nigra.
The Knot.

Rotknuſsel.
an Avis pugnax
fœm.

Cinclus Bellonij

Avis pugnax mas
A Ruffe

Matkneltzell.

Avis pugnax fœmina.
The Reeve.

1657 年，约翰·约翰斯顿的《鸟类自然史》在法兰克福出版，该书插画采用当时流行的铜版雕刻工艺制作而成，这种印刷方式一直流行到 19 世纪。然而，他的鸟类插画只是大致准确，作品里面包括蝙蝠和神话中的动物。

17 世纪晚期，弗朗西斯·维路格比和约翰·雷的《鸟类学》出版，该书提出一种新的鸟类分类法，即采用观察和描述而不是现成的词语对鸟进行分类。这本书可能是第一本野外观鸟指南。

1729—1747 年间，英国自然学家马克·凯茨比的《卡罗来纳、佛罗里达和巴哈马群岛自然史》出版，这是关于北美动植物群的第一部著作。该书收录了 220 种鸟以及其他动物和植物的插画，称得上是对自然环境中鸟类进行真实再现的开端。

18 世纪末，人们对鸟类分类系统发展产生了浓厚的兴趣。布封的九卷本《鸟类自然史》和马蒂兰·雅克·布里松的六卷本《鸟类学》两部著作意义重大、插画精美。布封认为，属和种等动物种群概念只是人类头脑中虚构的产物，我们应该根据动物的用处对其进行分类。布里松的著作更接近于瑞典医生、植物学家和动物学家卡尔·林奈设计的分类方案，但没有得到重视。林奈的分类系统最终被普遍接受。

约翰·詹姆斯·奥杜邦以其近 500 种与实物一样大小的鸟类插画而闻名。奥杜邦使用他射杀的鸟类标本，并把它们装裱在金属框内，这些鸟未必处于最自然的姿势，但是形象非常逼真。

19 世纪，尤其是随着外来鸟类从陌生国度被带到欧洲和美国，如何对鸟类进行适当分类仍然是鸟类学关注的一个焦点，伊丽莎白·古尔德和普里多普莱多·约翰·塞尔比等艺术家为鸟类插画设定了标准。只有艺术作品在科学上准确无误，才能对鸟的种类加以比较。路易斯·阿加西斯·福尔特斯和布鲁诺·利耶夫什创作的鸟类艺术不仅赏心悦目，而且传递出科学信息。

观察和技术

随着摄影和印刷的设备和技术进步，无论是用于科学插画还是用于公共消费，艺术水平都得以提高。1934 年，罗杰·托里·彼得森的《鸟类野外指南》出版，该书堪称鸟类绘画史上的一个里程碑。他创立了一种精确再现鸟类的风格和一种野外指南的格式，沿用至今。

近年来，一些才华横溢的鸟类艺术家发表了很多精彩作品，羽毛、鳞片和眼睛颜色等细致入微：戴维·艾伦·希伯利可谓是当今的罗杰·托里·彼得森；伊丽莎白·巴特沃斯绘制的鸟，无论是整只，还是身体部位，都如照片一样细腻、逼真；雷蒙德·哈里斯－钦把工笔

描绘的鸟类置于独特的环境中；珍妮特·特纳用各种鸟填满整个画面。

随着鸟类艺术不同风格的出现，鸟类学也在发生改变。实践证明，如何保存鸟类以及如何使它们像处于自然环境中那样真实，对艺术家和自然学家大有益处。人们利用显微镜可以仔细观察鸟的羽毛、喙和骨头。人们发明并改进了双筒望远镜，由此可以在野外研究鸟类。分类学的进步使命名变得更准确，物种之间的关系变得更清晰。古代，亚里士多德认识 123 种鸟；今天，我们知道全世界大约有 10000 种鸟，并了解它们的形态和功能。

随着科学向前发展以及新物种逐渐被发现，人们对鸟类的看法也有所改变。以前，人们为获取食物或为消遣而猎杀鸟类，把它们当作宠物饲养，为获取肉、羽毛或卵而对它们进行驯化，现在，我们开始把鸟类视为整个环境的组成部分。艺术家通过描绘鸟类的自然状态，也提醒我们环境如何发生变化。例如，20 世纪 60 年代，滴滴涕对鸟类种群造成严重伤害，游隼和白头雕是海报上最有代表性的两种鸟。即使今天，鸟类艺术的流行也足以证明我们对这些色彩斑斓的空中音乐大师依旧迷恋。

FLEMISH BAROQUE ARTISTS
1580—1700 —————————— I
佛兰德斯巴洛克艺术家 （1580—1700年）

EARLY ENGLISH ARTISTS

NATURAL HISTORY

BEFORE ECOLOGY

EARLY SCIENTIFIC ILLUSTRATION

IN THE AGE OF DARWIN

ART AND SCIENCE OVERLAP

BROADER APPEAL

BIRD ART SUPPORTS BIRDS

ORNITHOLOGICAL ART EXPANDS

第10页图：伦勃朗《手提麻鹬的自画像》，1639年。

上图：彼得·保罗·鲁本斯《虎、狮和豹狩猎》，约1616年。

左图：老扬·勃鲁盖尔《木盆里的花卉》，1606—1607年。

1585—1700年，佛兰德斯巴洛克艺术盛行于荷兰南部，以色彩大胆、细节传神为主要特点。这一时期最杰出的艺术家有彼得·保罗·鲁本斯和老扬·勃鲁盖尔：鲁本斯对其他欧洲画家产生了巨大的影响，老扬与鲁本斯合作创作了一些作品。

弗朗斯·斯奈德斯也许是最著名的动物画家。他与鲁本斯广泛合作，并绘制大型狩猎场景，这种绘画类型帮助定义了佛兰德斯巴洛克风格。卡尔·法布里蒂乌斯曾是伦勃朗的学生，他创作的《金翅雀》可谓是对某种鸟类最引人注目的研究之一，这幅画为给单个动物肖像腾出空间，巴洛克风格有所弱化。梅尔希奥·洪德库特尔擅长画鸟，他画过的鸟类不仅有他在本地看到的水鸟和猎禽（可以捕猎的鸟），还有从非洲和亚洲带来的异域标本。

鹦鹉是17世纪荷兰绘画的基础，因为它们奇特、美丽、稀有。它们不仅华丽，而且是珍贵的伙伴，为荷兰画家提供了发挥创造力的机会。它们经常出现在画像中，而且几乎总是跟女人在一起，也许是因为它们经训练能够说话，这本身就是一个奇迹，就像圣母诞下基督一样。

16—19 世纪，历史画被视为最重要的流派。题材通常描绘重要的历史事件或活动，涉及古典历史、神话或圣经等。在安特卫普发展起来的其他绘画形式有画廊和收藏画（可收藏于壁橱或书架的绘画）、花卉画、静物画以及狩猎场景画等。贮藏室场景也是很常见的题材，展示了准备端上餐桌的野味。

所有这些自然史标本都只是用于艺术创作的珍品和对象，直到弗朗西斯·维路格比和约翰·雷决定对它们进行认真研究。17 世纪中叶以前，自然史著作往往过于考究，不便携带，充斥错误信息和不相干内容。维路格比和他在剑桥的导师雷决定对每一种已知的鸟（当时大约有 500 种）进行研究、解剖和描述，核实前人提供的信息。他们的目的是对鸟进行有序而有意义地分类。随着《弗朗西斯·维路格比鸟类学》出版，后经雷加以广泛扩充，鸟类学成为了一门科学。该书是第一本鸟类学教科书，由于它主要是为学者准备，初版用拉丁语写成，一年后又出了英语版。在大约 200 年时间里，它一直都是权威著作。

上图：彼得·保罗·鲁本斯（与老扬·勃鲁盖尔合作）《圣休伯特景象》，1617 年。鲁本斯可能还与弗朗斯·斯奈德斯等其他艺术家合作绘制动植物画。

左图：卡斯帕·奈彻《喂鹦鹉的女人和侍童》，1666 年。

弗朗斯·斯奈德斯
FRANS SNYDERS

佛兰德斯人，1579—1657 年

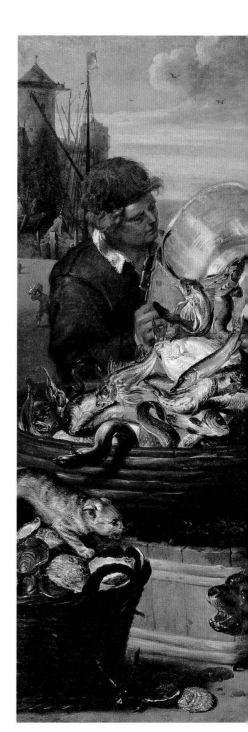

弗朗斯·斯奈德斯在安特卫普学画，师从小彼得·勃鲁盖尔。他后来加入了一个充满活力的艺术家团体，成员还有老扬·勃鲁盖尔和彼得·保罗·鲁本斯等。1602 年，斯奈德斯成为安特卫普画家协会的绘画大师。

斯奈德斯最初描绘的对象是水果、花卉以及其他物体等静物，强调光的运用。不久，他的专长变成了描绘静物之间或周围的动物。他经常受雇于鲁本斯，在其作品中绘制静物和动物。

他的画作中主要有鸟和哺乳动物，偶尔也有鱼、爬行动物或无脊椎动物，它们挂在墙上、壁炉上方或木架的钩子上。其他动物可能被放在桌子上，也许它们的头耷拉在桌子边缘，或者搭在水果或蔬菜上。有时候，就像他的鱼市画作那样，几十条鱼及其他一些水生动物会被随意地堆放在黏糊糊的泥沼中。

在一些这样的场景中，斯奈德斯加入了狗、猴子或鹦鹉等活体动物的形象。通常情况下，这些动物只是观察、嗅闻并渴望得到一顿免费大餐。在一幅描绘一篮子水果、几只死去的动物和一些蔬菜的作品中，一只猴子和一只松鼠偷偷地想要抓取几个水果，而一只猫在旁边观看，更觊觎桌上死去的动物。摆在桌上的多数是鸟。

16 世纪，人们根据看到的鸟类"高贵性"赋予其不同等级。雕、鹰和隼比其他鸟级别更高。排在第二位的是食用昆虫及其他无脊椎动物的鸟，例如杜鹃、夜莺、鹦鹉和雉鸡。食用植物的水鸟排在第三位，例如鹅、天鹅和鸭子。食用种子的鸣禽排名最后。

在斯奈德斯的一些画作中，疣鼻天鹅一直处于显眼的中心位置，它沉重的白色身体摊放在桌子上，长长的脖子和脑袋耷拉在桌子边缘。疣鼻天鹅可能象征纯洁，或者它的颜色和大小使得画面布局更平衡。

右图：弗朗斯·斯奈德斯《码头上的市场景象》，1635—1640 年。该画展现了疣鼻天鹅的典型姿势：身体平放在桌子上，脖子和头耷拉在桌边。

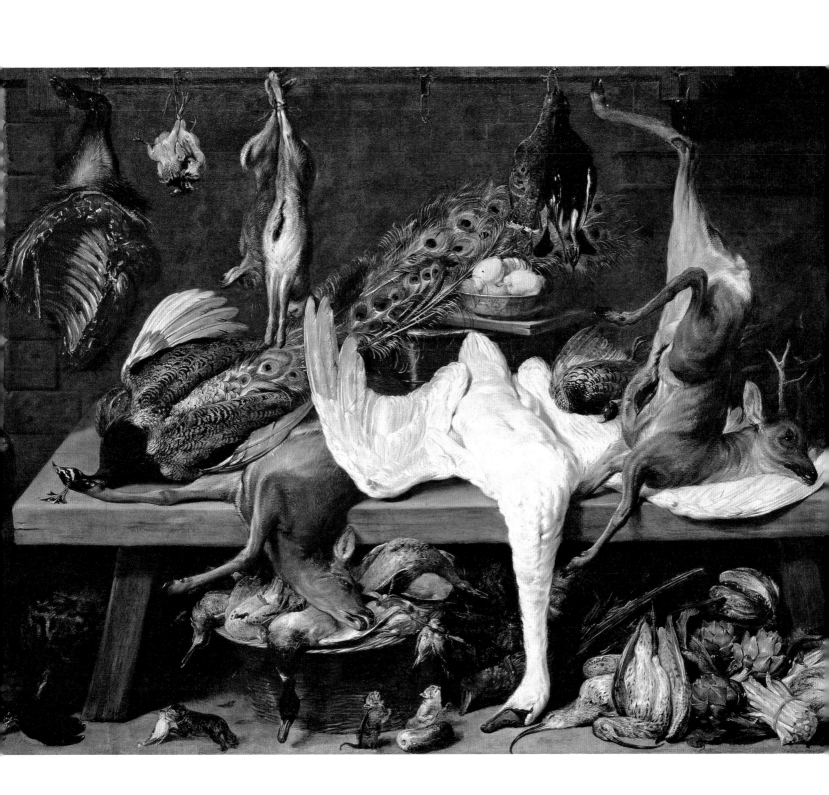

鸟 类 博 物 志

在斯奈德斯以贮藏室或厨房为场景描绘的各种鸟中，灰山鹑最常见，天鹅很少出现。在他描绘的鸣禽画中，苍头燕雀最为常见，其次是红腹灰雀。某种鸟在餐桌上出现或消失，可能与该鸟的排名有关，也可能只是画家为了平衡画作颜色而做出的决定。白尾雕在斯奈德斯的画中只出现过两次，也许因为它们是鸟类中最高贵的，当然，它们也不是人们喜欢的食物。翠鸟在斯奈德斯绘制的一些美食场景中出现过，由于人们很少食用这种鸟，它之所以被选入画中，可能只是因为它那色彩斑斓的艳丽羽毛。

斯奈德斯的《静物和灰鹦鹉》通过写实手法，呈现一只活的灰鹦鹉正在审视一堆已死的猎禽及其他食物。这种鸟象征着地位、健康和财富或者成功的国际贸易。雉鸡和山鹑也很常见，也许说明打猎者满载而归，或者偏爱以这些鸟作为食物，也可能只是因为它们的羽毛像孔雀一样能刻画得细致入微，展示出画家的精湛技艺。斯奈德斯其他画作经常出现猩红色的金刚鹦鹉，也许是因为它们的颜色对比鲜明。

斯奈德斯最著名的画作当数《鸟类音乐会》。这幅画描绘的是一群五彩缤纷的鸟围着一只猫头鹰，猫头鹰就像手持乐谱的首席小提琴手。画的主题取自伊索寓言《猫头鹰和鸟》，但它也与一句荷兰谚语有关，"每只鸟都以自己知道的方式歌唱"（或"每只鸟都用自己的喙歌唱"），这句话可以被解读为"自然有自己的构成方式"。斯奈德斯的影响力使这一主题在 17 世纪佛兰德斯艺术中流行开来。

左图：弗朗斯·斯奈德斯《鸟类音乐会》，1629—1630 年。猫头鹰正试图把一群不守规矩的鸟组合成一个合唱团。在画中，各种各样色彩斑斓的鸟正注视着一只猫头鹰，猫头鹰栖息在树枝上，脚下摆着一张打开的乐谱。画的主题取自伊索寓言《猫头鹰和鸟》。这幅画有好几个版本和复制品。

右图：弗朗斯·斯耐德斯《鱼市》，约 1621 年。这幅画栩栩如生地再现了栖息在河流、海洋和湖泊中不可胜数、种类繁多的动物，显示斯奈德斯具有极为精确的表现力。画中这些人似乎在讨价还价。

卡尔·彼得斯·法布里蒂乌斯
CAREL PIETERSZ FABRITIUS

佛兰德斯人，1622—1654 年

法布里蒂乌斯的姓氏很可能来源于拉丁语"faber"，意思是艺术家或工匠。

　　法布里蒂乌斯是一位才华横溢的艺术家，1641 年，搬到阿姆斯特丹与伦勃朗共事。他被认为是伦勃朗最优秀的学生之一，具有自己独特的风格。法布里蒂乌斯以前没有接受过艺术训练，但他的父亲和三个兄弟都是画家，因此，他对这门技艺颇为了解。法布里蒂乌斯在伦勃朗的画室工作到 1650 年，妻子和两个孩子去世后，他搬到了维米尔的家乡代尔夫特。有人认为，他对维米尔产生了一定影响。

　　法布里蒂乌斯在短暂的一生中只留下少量作品。他最著名的画作为《金翅雀》，创作于 1654 年，也就是他去世的那一年。在这幅简单却精彩的画中，金翅雀的红色面部斑纹和黑白相间的羽毛与其身后奶油色墙壁的光泽形成鲜明对比。

　　红额金翅雀是一种原产于欧洲、北非和西亚的小鸣鸟。金翅雀被驯化已久。2000 年前，普林尼提到过它们具有表演把戏的能力。在这幅画中，金翅雀站立在鸟笼顶部，被一条细链条拴住。17 世纪，捕捉金翅雀并教它们表演各种把戏，是社会上流行的做法。在野外，金翅雀擅长用足抓着蓟，从中啄食种子，这种能力被人们加以利用。他们用链子把金翅雀拴在鸟巢箱或食物箱上，训练它们利用链子或绳子，把下方系着装有种子或水的桶拉上来。这幅画的荷兰名是"Het puttertje"，意为"小提水者"。

　　至少有 486 幅包含金翅雀的宗教仪式画是在文艺复兴时期创作的，而这种鸟几乎总是在圣婴手中。金翅雀出现在圣母和圣婴的画像中，似乎预示着耶稣将被钉死在十字架上，例如拉斐尔于 1506 年前后创作的《金翅雀圣母》。金翅雀与耶稣受难和荆棘冠有关，是因为这种鸟在耶稣头带的荆棘冠中取食，鸟的红脸来自耶稣的血。法布里蒂乌斯《金翅雀》的不同寻常之处在于，他刻画的金翅雀，不是把它作为背景或者一群活鸟或死鸟其中的一只，而是以它为中心。这幅画现藏于海牙莫瑞泰斯皇家美术馆。

　　1654 年，代尔夫特一个火药仓库发生爆炸，法布里蒂乌斯不幸英年早逝，年仅 32 岁。他的大部分作品很可能都随他一起被炸毁。

右图：法布里蒂乌斯《金翅雀》，1654 年。这也许是所有鸟类绘画中最著名的一幅。这是一幅错视画，描绘被拴住的金翅雀站在喂食器上。17 世纪，金翅雀很受欢迎，因为人们可以训练它们用小水桶提水。这幅画的荷兰名是"小提水者"。

C FABRITIVS 1654

梅尔希奥 · 洪德库特尔
MELCHIOR D'HONDECOETER

荷兰人，1636—1695 年

梅尔希奥 · 洪德库特尔是一位动物画家，也是其家族几代画家之一，他画的鸟以生动活泼而著称。

洪德库特尔一开始跟父亲学画，在父亲去世后跟叔叔学画。洪德库特尔二十出头的时候，搬到海牙，成为画家协会的一员，四年后，又搬到了阿姆斯特丹。他的职业生涯始于海景画，以鱼及其他海洋生物场景为绘画对象。后来，他转为画鸟，并成为著名的鸟类画家。

他最初的作品为静物画，画的是死去的猎物和狩猎配件，另有一两只活鸟在旁观看。洪德库特尔非常欣赏斯奈德斯的作品，很可能受到其静物画的影响。后来，洪德库特尔在古典或意大利风格的背景中画上一些活鸟，主要是鸡和火鸡等谷仓附近的鸟类。许多画都再现出斗鸡场景，有时候还有其他鸟（甚至鸽子和鸭子）参加激战。再后来，他的画以珍奇鸟类为主，可谓是鸡、鸭、鹈鹕、鹤以及鹤鸵等群鸟荟萃。

洪德库特尔显然是荷兰唯一一位把鸟类当作有感情动物加以欣赏的画家。在他以前，其他画家似乎只注重色彩，并把鸟看作是风景的点缀物。洪迪克特把鸟类视为其画作的焦点。

在画作《被揭穿的乌鸦》中，他尽展自己的绘画技能，描绘出每一只鸟的细节。这幅画的故事梗概为：朱庇特宣布，他要为最美丽的鸟抹油，封其为鸟中之王。黑色的乌鸦担心自己没有机会，便找来其他鸟散落的五颜六色的羽毛，披在自己身上。当朱庇特正要给乌鸦加冕时，其他各种鸟开始攻击乌鸦，并揭穿它。各种鸟的羽毛和喙都呈现出深浅不同的红色或粉色，这些颜色把分散的鸟彼此关联，并把它们与作为画面中心的公鸡鲜红头部关联起来。

洪德库特尔讲究画面布局，常常把一些鸟放在中心前景位置，而使另一些鸟从侧边进入场景。他善于工笔绘制鸟的肖像，也善于为鸟画出类似人的表情。在画作《以阿姆斯特丹市政厅为背景栏杆周围的鸟》中，主角孔雀看上去很像是在训斥栖木上的猫头鹰，而孔雀的配偶雌孔雀则保持低调；猫头鹰对孔雀的训斥感到颇为吃惊。画面中那些较小的鸟很不显眼，对此不以为意。

左图：洪德库特尔《树桩边的猎物袋和喜鹊》，约 1688 年。这幅画也被称为《沉思的喜鹊》，喜鹊似乎被它脚边这些死鸟搞糊涂了。

上图：洪德库特尔《被揭穿的乌鸦》，1680年。洪德库特尔以逼真、生动的形象描绘各种鸟而闻名。他被认为是绘制各种珍奇鸟类最有成就的画家之一。

右图：洪德库特尔《以阿姆斯特丹市政厅为背景栏杆周围的鸟》，约1670年。孔雀似乎在跟猫头鹰说话，而其他的鸟似乎对此并不感兴趣。

《动物园》绘制于1690年前后，展现出很多奇异的鸟，包括来自澳大利亚的葵花凤头鹦鹉、来自撒哈拉以南非洲或南亚的环颈鹦鹉、来自中非的灰鹦鹉以及来自北美的北美红雀，还有其他一些较小的鸟类和两只猴子。所有动物似乎都十分警惕地留意着画面前方或一侧的某种东西。这幅画充分展示出，洪德库特尔能够给他所画的动物注入情感。

洪德库特尔的许多画作，最初是阿姆斯特丹富裕人家用来挂在壁炉上或门上的。

FLEMISH BAROQUE ARTISTS 1580—1700

EARLY ENGLISH ARTISTS
1626—1716 ———————— II
早期英国艺术家 （1626—1716年）

NATURAL HISTORY

BEFORE ECOLOGY

EARLY SCIENTIFIC ILLUSTRATION

IN THE AGE OF DARWIN

ART AND SCIENCE OVERLAP

BROADER APPEAL

BIRD ART SUPPORTS BIRDS

ORNITHOLOGICAL ART EXPANDS

对动物进行描绘的艺术可以追溯至早期洞穴岩壁上的动物画像，与狩猎关系尤为密切。随着艺术不断发展，动物画逐渐被宗教画、历史画和肖像画取代。从事这些工作的艺术家经常与动物画家合作，在其作品中添加动物形象，例如，在壁炉上添加一只坐着的宠物狗，或者在背景中添加一些飞翔的鸟。

从文艺复兴至 19 世纪末期，肖像画一直是英国绘画的主要形式，此后，摄影才开始成为更受欢迎的纪念形式。在肖像画风靡的时代，统治阶级和商人阶级生活豪华奢靡，为许多艺术家提供了以肖像画和漫画谋生的手段。然而，到 17 世纪末，动物画家们已经为自己赢得了声誉。人与宠物关系日渐亲密，再加上狩猎流行，增加了对动物艺术的需求，在英国尤其如此。这一时期，英国人对鸟类及其他动物绘画的偏好被一些画家捕捉到，主要有：弗朗西斯·巴洛，他被视为英国第一位野生动物画家；匈牙利人雅各布·波格丹尼，他成为英国最重要的鸟类画家；马默杜克·克拉多克，他自学成才，注意力集中在本地家禽和野生鸟类，通常从现实生活中取材。

17 世纪下半叶，就鸟类题材而言，死去的猎禽和哺乳动物等静物画表现出贵族对乡村生活的印象。随着探险者和商人从异国他乡归来，他们带回的珍奇鸟类引起人们的广泛兴趣。鹦鹉和雉鸡等色彩鲜艳的鸟被送进动物园或被当成宠物，艺术家们也因此获得了丰富的新题材。

遗憾的是，许多鸟在运输途中死亡，而且人们没有有效的保存方法。如果没有活体标本，艺术家们只能凭自己的记忆作画，模仿前人的作品，或者参照保存在液体中的鸟类，但液体往往会改变鸟的颜色。此外，由于缺乏"模特"，艺术家只能依靠别人的描述，或者依靠自己的想象，为所画对象摆出他们认为是真实的姿势。例如，在雅各布·波格丹尼的《风景中的红鹳及其他鸟》中，作为主角的红鹳脖子过长，腿也很僵硬，看起来更像漫画，而不是真实的鸟。

第 26 页图：雅各布·波格丹尼《两只矛隼》，约 1695 年。

右图：弗朗西斯·巴洛《追猎野兔》，1686 年。巴洛早期狩猎场景画之一。

A Cock who to a neighbouring Dunghill tries,
Finding a gemme that 'mongst the Rubish lyes.

Cry'd he — a Barly corne wou'd please me more,
Then all the Treasures on the eastern shore.

Morall

Gay nonsense does the noysy fopling please,
Beyond the noblest Arts and Sciences.

FAB. I.
De Gallo Gallinaceo.

GAllus gallinaceus dum armato pede sterquilinium dissipando disjicit invenit Gemmam, Quid, inquiens, rem tam fulgurantem reperio? Si Gemmarius invenisset, lætabundus exultaret, quippe qui scivit pretium; mihi quidem nulli est usui, nec magni æstimo, unum etenim Hordei granum est mihi longè pretiosius, quam omnes Gemmæ, quamvis ad Invidiam micent Diei, opprobriumque Solis.

MORALE.

HOmines sunt Naturâ tam depravati, ut ad perituras Divitias & fallacia Gaudia citiùs feruntur, quàm ad Nobiles Virtutum Dotes, quæ non solùm Corpus Honore afficiunt, sed Animum etiam & cœlo Beant.

FABLE II.

弗朗西斯·巴洛
FRANCIS BARLOW

英国人，1626—1704 年

　　弗朗西斯·巴洛是一位画家、蚀刻师，也是 17 世纪最活跃的图书插画家和版画家之一。他曾为约翰·奥格尔比 1665 年版《伊索寓言》设计 110 幅木版画，并被誉为"英国狩猎画之父"，以此著称。

　　巴洛出生于林肯郡，小时候就搬到伦敦，在一个肖像画家那里当了三年学徒，此后便开始自己的绘画生涯。学徒期通常是七年，因此，巴洛似乎有经济来源，能够继续追求绘制动植物画的爱好。当他还是学徒时，皇家狩猎法在查理一世死后被废除（但后来又重新恢复），人们可以无拘无束地狩猎和捕鱼。巴洛学会打猎，并设法收集到一些鸟和哺乳动物的标本。早期用笔和褐色墨水绘制的画能够反映出巴洛的狩猎知识，例如，有一幅画描绘的是骑手带

左图：弗朗西斯·巴洛绘制的《伊索寓言》（1665 年）第一则寓言插画。译文：一只公鸡用他那锐利的爪子把粪堆翻了个遍，粪撒了一地。他找到一颗宝石，说："我要这么个闪亮的东西有什么用呢？如果是珠宝商发现了它，他肯定会高兴得跳起来，因为他知道一件珠宝的价值。可对我而言，这个东西毫无用处，我也用不着珍惜它。虽然珠宝闪闪发光，能够引起白天嫉妒、太阳非难，但是对我而言，一粒大麦比所有珠宝都珍贵得多。"

右图：《诱饵》，17 世纪 70 年代弗朗西斯·巴洛的讽刺画，讽刺了天主教对英国构成的威胁。鹰和鹭的形象在其他作品中以同样姿势反复出现。

着猎犬攻击一只鹿。

巴洛虽然从未离开过不列颠群岛，但是显然受到勃鲁盖尔和斯奈德斯（参见第 11 页）等佛兰德斯画派画家的影响。在以静物和狩猎为主题的画作基础上，他开始绘制刚被杀死或活着的动物写实画。他是最早把动物融入自然景观的鸟类艺术家之一。由于鹰猎在王室中很普遍，所以他的画中经常出现雕、猫头鹰和鹰等猛禽。

1658 年，巴洛的《各种鸟和家禽》出版，书中收录各种有羽动物的多幅插画。其中一幅插画为四只孔雀警惕地注视着一只南方鹤鸵和一只鸵鸟，而一只猴子（代表愚蠢）则在一旁观看。巴洛画的这些鸟来源于现实生活，因为孔雀很常见，而鸵鸟和鹤鸵是伦敦圣詹姆斯公园中国王查理二世动物园里的动物。最终，巴洛成为 17 世纪英国首屈一指的动物插画家，为一些城堡的天花板做装饰，甚至还被委派参与威斯敏斯特教堂的装饰工作。

16 世纪末，铜版画几乎完全取代木版画，但巴洛能够熟练运用这两种技法。他显然保存了一整套"模特"：花卉和动物的画作，供其参考。这使他能够把一个动物相同或相似的形象运用在不同作品中。一只飞行的野鸭、一只起飞的鹭以及一群或栖或飞的燕子，你可以从这些动物身上看到他把一些形象反复运用。他创作的模特书籍还卖给国内外的自然学家。

上图：弗朗西斯·巴洛《一只佛法僧、两只游隼以及一只长耳鸮及其幼鸟》，日期不详。雕、猫头鹰和鹰等猛禽在巴洛的画作中很常见。

他自助出版的第一本鸟类模特书收录了 15 种鸟，这些鸟同属一个类别或物种，被置于合适的情境中。

巴洛的绘画技巧当然备受推崇，但要说他的许多画作逼真还原了现实生活，难免有些夸张。他画的一些鸟或外形怪异，或姿势笨拙，而且往往缺乏细节。他的一些画作缺乏荷兰画派的深度和鲜明色彩。构图也不能说是他的强项：在他的画作里，动物往往是杂乱地堆砌在一起。但是，作为英国第一个野生动物画家，巴洛开创了一个延续多年的传统，18 世纪晚期乔治·斯塔布斯的作品标志该画派达到了艺术巅峰，他以画马而闻名。

鸟 类 博 物 志

雅各布·波格丹尼
JAKOB BOGDANI

匈牙利人 / 英国人，1658—1724 年

26 岁时，雅各布·波格丹尼从其出生的城市埃佩尔耶什（当时是匈牙利王国的一部分，现在属于斯洛伐克）搬到了阿姆斯特丹。

波格丹尼住在阿姆斯特丹的时候，还是一个静物画画家，可能与梅尔希奥·洪德库特尔（参见第 16 页）一起共事，或者至少是向他学习过，因为洪德库特尔当时也住在阿姆斯特丹。他与德国巴洛克花卉画家厄恩斯特·斯图文同住一个房间，无疑也向他学习过。波格丹尼最早的作品是荷兰传统的花卉画，如《石花瓶和水果》和《鹦鹉和花卉》。

四年后，波格丹尼搬到伦敦，由于荷兰艺术在这里很流行，所以他的静物画和鸟类画很受欢迎。他在安妮女王的宫廷里作画，安妮女王对他大加鼓励，而他的许多画也被皇家收藏。海军上将乔治·丘吉尔，即马尔伯勒公爵约翰·丘吉尔的弟弟，是他的赞助人之一。他为乔治·丘吉尔画过几幅画，汇集了许多珍奇动物，这些画通常以古典建筑为背景，例如《两只金刚鹦鹉、一只凤头鹦鹉、一只松鸦和水果》（1710 年，白镴碗里的水果和鹦鹉）。

左图：雅各布·波格丹尼《带有鹦鹉、水果和死鸟的静物》，约 1700 年。

下图：雅各布·波格丹尼《锡碗里的水果和鹦鹉》，日期不详。

鸟 类 博 物 志

左上图：雅各布·波格丹尼《池边的群鸭》，日期不详。所有鸭子都是本地鸭，有几只鸭的头顶长有蓬松的羽冠。

左下图：雅各布·波格丹尼《公鸡和鸽子》，日期不详。

右上图：雅各布·波格丹尼《两只金刚鹦鹉、一只凤头鹦鹉、一只松鸦和水果》，1710年。画中的鹦鹉足以证明，波格丹尼能够进入马尔伯勒公爵的鸟舍。

乔治·丘吉尔在温莎公园建有一个鸟舍，其中鸟类是波格丹尼一些画作的来源。1703年，他获准进入鸟舍后，对鸟类的兴趣越来越浓。他的鸟类画包含异国鸟类，如金刚鹦鹉、凤头鹦鹉、红鹳、巨嘴鸟和凤冠鸟。在静物画中，他往往会利用一只鲜红色的鸟加以烘托，例如北美红雀或国王鹦鹉。他以群鸟为对象作画时，经常把这些外来鸟类与人们熟悉的本地鸟混杂在一起。他成为英国鸟类画的领军人物，其画作供不应求，因此变得十分富有。

《两只矛隼》是波格丹尼最著名的画作之一，这幅画跟他的一贯画法有所不同。他只画了两只鸟，笔触更细腻，色调更柔和。在中世纪，矛隼被认为是一种皇家鸟，在欧洲鹰猎活动中专供国王和贵族使用。国王通常使用矛隼，伯爵使用游隼，自耕农使用苍鹰，雀鹰属于神父专用，仆人一般使用红隼。

波格丹尼的画作很大程度上受到丘吉尔鸟舍的影响，但他也参照了自己收藏的鸟类标本。在正式背景中画满异国鸟类的大型绘画，这个想法据说源自洪德库特尔（参见第23页）的主意，他可能对雅各布·波格丹尼有所影响。波格丹尼又对画家马默杜克·克拉多克（参见第38页）产生影响。

马默杜克·克拉多克
MARMADUKE CRADOCK

英国人，1660—1716年

马默杜克·克拉多克出生于英国萨默塞特郡，搬到伦敦后，开始做油漆工学徒。后来，他走上了动物艺术家之路。

克拉多克自学成才，在风格上效仿洪德库特尔（参见第23页）和雅各布·波格丹尼（参见第36页）的作品。他还紧紧追随弗朗西斯·巴洛（参见第31页），不是在风格上，而是在描绘的对象上。克拉多克独立工作，其作品由经销商销售，因为他不希望受雇于某个出身和财富可能限制其艺术自由的人。他认为，任何赞助人都会"把他的天才限定在其个人偏好中"。大英博物馆里有很多克拉多克的作品，表明他的绘画取材于现实生活。然而，目前已知真正由他签名的作品只有三件。

这个时代有几位艺术家喜欢画异域鸟类，因为它们色彩绚丽、羽毛奇特，但是，克拉多克偏爱本地鸟类和常见野禽。他经常把一些古典建筑作为远景。然而，他却在作品中添加孔雀。孔雀原产于南亚和马来西亚。显然，4000多年前，中国人率先把这种鸟引进并加以驯化。它们在各种文化中都很常见，代表着荣耀、刚正、永生、虚荣或奢华等价值观。基督徒认为，孔雀尾翎上的"眼睛"代表上帝的全知之眼。

左图：马默杜克·克拉多克《风景中的火鸡、孔雀和鸡》，日期不详。

右图：马默杜克·克拉多克《古代废墟旁的孔雀、鸽子、火鸡、鸡和鸭》，约1700年。

克拉多克的《古代废墟旁的孔雀、鸽子、火鸡、鸡和鸭》绘制于 1700 年前后，画中有几只鸽子、一只松鸦、一只松鸡和两只火鸡，但雄孔雀显然是焦点。画中鸟的种类清晰可辨，因为它们非常逼真。松鸡似乎在发出警报，而岩鸽似乎在躲避潜在的危险。根据泰特美术馆的说法，"克拉多克似乎是在利用自然界来讽喻人类生活，鸽舍的捕食者及其带来的危险寓意着道德标准，对这个外表和谐和庸俗虚伪的场景进行监督"。有趣的是，至少还有其他艺术家的两幅画与此同名。荷兰画家扬·维克特斯的作品绘制时间为 1640—1650 年，也许是他给了克拉多克灵感。另一幅画为 18 世纪中叶意大利画家乔凡尼·克里韦利所绘，与克拉

多克的作品极为相似。

　　这只孔雀尽管很逼真，却在克拉多克其他画作中以同样姿势出现，表明他可能使用了标本，或者只是复制了以前的画作。克拉多克以孔雀为题至少创作了三个版本，而这幅图是有他签名的三部已知画作之一。另一幅有他签名的画作是一个彩色金属茶壶，现藏于伦敦维多利亚和阿尔伯特博物馆。

73

FLEMISH BAROQUE ARTISTS 1580—1700

EARLY ENGLISH ARTISTS 1626—1716

NATURAL HISTORY
1680—1806 ———————— III
自然史时期（1680—1806年）

BEFORE ECOLOGY

EARLY SCIENTIFIC ILLUSTRATION

IN THE AGE OF DARWIN

ART AND SCIENCE OVERLAP

BROADER APPEAL

BIRD ART SUPPORTS BIRDS

ORNITHOLOGICAL ART EXPANDS

第 42 页图：乔治·爱德华兹《大
鸨》，选自《珍稀鸟类自然史（第
二卷）》（1747 年）。

上图：马克·凯茨比《美国蛎
鹬》，约 1731—1743 年，选自《卡
罗来纳、佛罗里达和巴哈马群
岛自然史（第一卷）》（1731—
1743 年）。

右图：阿尔特·舒曼《一只大
白凤头鹦鹉》，日期不详。一
只笼中鸟，易于观察。

自然史是通过观察自然得到的知识。古罗马自然学家老普林尼在《自然史》一书中把自
然史定义为涵盖自然世界的所有方面，包括动植物、地球结构以及恒星运行等。在欧洲文艺
复兴时期，关于自然界的知识又一次大爆炸。印刷术的出现催生了百科全书式的作品，包括
通过探索获得的最新发现，哪怕这些新发现尚未得到证实。例如，这些作品中可能提到了狮
鹫、哈比女妖和独角兽，并把鸟类迁徙现象解释为它们飞到月球上去过冬。接下来，我们现
在所知的科学开始出现，事实逐渐取代神话。动物学和植物学有了长足发展，在很大程度上
归功于人们对物种的精确描述以及把它们划分为不同的类别。

随着新的鸟类不断被发现与收集，而新收集到的鸟类需要加以归类和图解，鸟类学从自
然史中兴起。鸟类学始于 17 世纪晚期的《弗朗西斯·维路格比鸟类学》，该书为第一部鸟
类学教科书。在法国，布封的九卷本《鸟类自然史》于 1770—1783 年出版，描述的鸟约有
2000 种。布封的观点与现代分类学之父瑞典自然学家卡尔·林奈不同，他认为，应该根据
鸟的行为和栖息地而非解剖学对鸟进行分类。1790 年，法国动物学家布里松的六卷本《鸟
类学》出版，这部著作比林奈或布封的描述更科学、更细致，却没有得到重视。

艺术使鸟类学成为可能。不利用图形对整只鸟和解剖鸟加以精确描绘，关于鸟的分类和
信息交换可以说无法进行。如果可能的话，艺术家总会以活生生的鸟为绘画对象，但这种做
法往往很难实现，因此，他们只能依靠已死的标本。动物标本剥制术很普通，但保存技术却
不过关，皮肤很快就会变质。

探险家把各种或死或生的奇特动物从异国他乡带到欧洲，因此，艺术家并不缺绘画对象，
他们缺的是那些对象所处的真实环境。通过比较，我们会发现：马克·凯茨比在蚀刻和作画时，
能够考虑到生态概念；乔治·爱德华兹之所以被视为"英国鸟类学之父"，主要是因为他是
一位优秀的艺术家；阿尔特·舒曼似乎已经完全脱离生态世界，却同样是一位优秀的艺术家。

Quercus Augustus
Augusto Salicis

Ilex. Marilandice Idea longo
R: Hist: — Willow Oak.

马克·凯茨比
MARK CATESBY

英国人，1682/3—1749年

马克·凯茨比出生于英国，在伦敦学习自然史，1712年搬到弗吉尼亚。他由于早年对植物标本很感兴趣，此时被英国皇家学会任命为卡罗来纳植物采集员。

凯茨比在美洲作画不多，1719年回到英国。1722年，在富有贵族支持下，他第二次前往美洲。这一次，他在南卡罗来纳（沿海的）低地地区对当地动植物进行收集、研究并绘制，还把旅程延伸到佐治亚和巴哈马群岛。

1726年，凯茨比回到英国。随后经过17年精心准备，他的《卡罗来纳、佛罗里达和巴哈马群岛自然史》问世，这是第一部关于美洲动植物群的著作。书中收录由他自己创作、手工绘制并使用大幅纸张印制的220幅铜版画，包括鸟、爬行动物、两栖动物、鱼、昆虫、哺乳动物以及植物。这本书受到本杰明·富兰克林、托马斯·杰斐逊及其他通晓自然史的人士好评并被用作参考资料，表明插画版美洲自然史书籍的重要性。凯茨比的插画提供的信息在视觉上有如当今摄影术一样精确，他还是第一个在自然史书籍中加入对开页插画的人。

凯茨比把焦点放在植物学上，因为他认识到植物在农业、食物和医药方面极为重要。他也同样重视鸟类，因为他觉得鸟类在所有动物中与植物关系最为密切。1747年3月5日，凯茨比在伦敦向英国皇家学会宣读了一篇题为"论候鸟"的论文，尽管他的观点存在错误之处，但现在被公认为是最早描述鸟类迁徙的学者之一。他推测：促使鸟类迁徙的动因是食物；当鸟类迁徙时，它们会垂直向上飞到一定高度，能够看到目的地，然后滑翔而下。

凯茨比提到自己与弗吉尼亚一位朋友之间的来往信件，那位朋友注意到有些鸟他以前从未见过。凯茨比认为，动物和植物处于不断变化的状态中，17世纪晚期小麦、大麦和水稻的引进吸引了外来鸟类。他所说的这些"食稻鸟"和"食麦鸟"很可能是食米鸟。

凯茨比画的鸟非常逼真，例如，一只好斗的冠蓝鸦、一只栖息在树桩上满脸疑惑的猫头鹰或一只衔着鱼的白腹鱼狗，但其他方面却显得不那么真实。他有一幅画描绘的是一只红鹳站在一棵光秃秃的树前，而这种鸟实际上生活在鲜有树木的咸水环境。另一幅画画的是一只"卓柏卡布拉"（传说中吸食山羊血的怪物），实际上可能是一只夜鹰，这种鸟的爪子软弱无力，只在飞行中捕食昆虫，但凯茨比画的这只鸟站在地面上，准备把猎物吞下。卡罗来纳

上图：马克·凯茨比《双领鸻和酸木》，1722—1726年。整只鸟清晰可辨，只是姿势和斑纹描绘不精确。

左图：马克·凯茨比《象牙喙啄木鸟和柳栎》，日期不详。这种鸟据说已经灭绝。

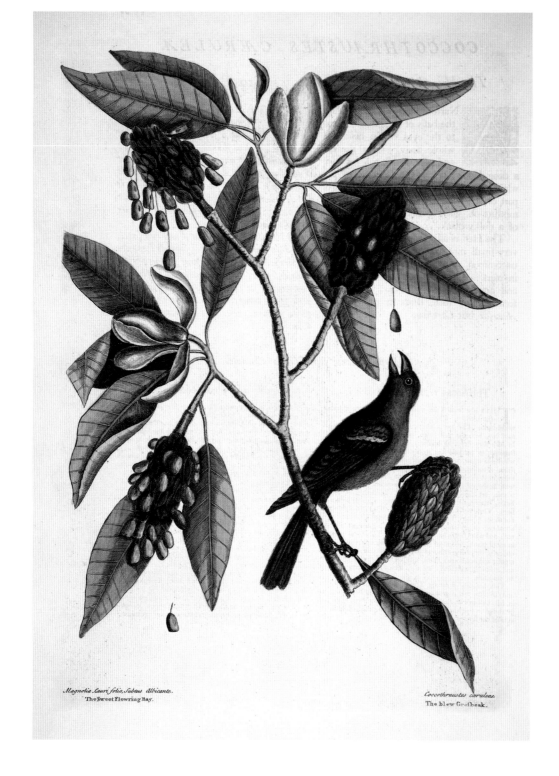

Magnolia Lauri folio, Subtus Albicante.
The Sweet Flowring Bay.

Coccothraustes cœrulea.
The blew Grosbeak.

的黑嘴美洲鹃颜色太深，眼睛周围的红色眼环缺失。他画的北方嘲鸫姿势很真实，但颜色为棕色，实际上这种鸟是灰色，而且他没有画出翼带（翅膀上条状的斑纹带）上特有的白色斑纹。他画的似乎是一只雏鸟。他的画有时缺乏透视感，以旅鸽为例，其周围的橡树叶显得过大。

　　凯茨比并非鸟类学家，就同处于一张画纸的动物和植物而言，他在描绘植物花卉的工夫往往更多，尽管如此，他仍然被认为是美国鸟类学的创始人。他把动物和植物画在一起，为鸟类艺术设定了一个新标准，而这种风格在当今鸟类艺术中占主导地位。

左图：马克·凯茨比《蓝锡嘴雀和广玉兰》，选自《卡罗来纳、佛罗里达和巴哈马群岛自然史（第一卷）》（1731—1743年）。凯茨比的主要研究对象是植物学，因为他懂得植物在经济上具有重要价值。他对鸟类的关注度仅次于植物，因为他认为鸟类在所有动物中与植物关系最为密切。

右上图：马克·凯茨比《冠蓝鸦和桂叶菝葜》，约1722—1726年。这是凯茨比相当写实的画作之一，整幅画颜色恰如其分，但是鸟脸部的颜色不准确。

右下图：马克·凯茨比《嘲鸫（现称北方嘲鸫）和梾木》，选自《卡罗来纳、佛罗里达和巴哈马群岛自然史（第一卷）》。鸟的姿势正确，但是没有画出翼带上特有的白色斑纹。

Smilax lævis Lauri folio non serrato, baccis nigris.

Pica cristata cærulea.
The crested Jay.

Cornus florida.

Cornus mas &c.

Turdus minor &c.
The Mock-bird.

乔治·爱德华兹
GEORGE EDWARDS

英国人，1694—1773年

乔治·爱德华兹出生于埃塞克斯郡，是一个如饥似渴的读者。在伦敦度过一段平庸的商业生涯后，他开始周游欧洲，研究自然史。

爱德华兹回到家乡后，开始创作彩色动物画，并以很好的价格售出。30岁以前，他靠教授年轻的女士和先生画画赚取收入。在此过程中，他积累了大量艺术作品，为他赢得进入英国皇家学会的机会。当时，英国皇家学会会长是自然学家和收藏家汉斯·斯隆爵士。（斯隆最终为英国留下了71000件藏品，成为大英博物馆和大英图书馆的开端。）

1733年，斯隆推荐爱德华兹为皇家医师学院图书管理员。爱德华兹的薪水并不高，但更为重要的是，他有时间在图书馆的8000册藏书中涉猎许多自然史著作，并绘制一些画作以增加收入。

爱德华兹因对鸟类研究广泛而被称为"英国鸟类学之父"。他最著名的作品是四卷本《珍稀鸟类自然史》，1743—1751年出版，原书名全称很长（《通过210幅铜版画展示的珍稀鸟类以及其他一些珍稀且未被描述的野兽、四足动物、鱼和昆虫自然史……》）。这些动物遍布全球：哈德逊湾的"呼呼叫的"鹤，纽芬兰的北方企鹅（实际上是现已灭绝的大海雀）以及新几内亚的极乐鸟等。最有趣的是渡渡鸟，这种鸟17世纪在毛里求斯逐渐消失。爱德华兹可能是根据一个保存下来的标本绘制。奇怪的是，他在渡渡鸟的画里添加了一只豚鼠。毛里求斯本地当时没有哺乳动物，直到今天那里也没有豚鼠生活，爱德华兹把豚鼠加上去，可能只是把它用来对比。

1758年、1760年和1764年，《珍稀鸟类自然史》三卷补编分别出版。这部七卷本著作连同他的原创画作，总计收录了600多幅自然史题材的插画，其中大部分内容都是以前没有描述过的。从一些关于鸟类的描述中，我们可以看出他从哪里得到这些标本，例如，关于蓝胸佛法僧，爱德华兹写到，"我画的这只鸟……是在直布罗陀巨岩上被射杀，然后借给伦敦的凯茨比先生使用，他又借给我使用。"如果爱德华兹收到没有任何信息的标本，由于不知道它们的自然栖息地，他会把较小的鸟画在长满地衣的树枝上，把较大的鸟置于以水为背景的环境中。

上图: 乔治·爱德华兹《戴胜》，选自《自然史补编（第三卷）》（1764年）。

右图: 乔治·爱德华兹《红肩金刚鹦鹉》，选自《珍稀鸟类自然史》（1743—1751年）。

Edwards Delin et Sculp

229

D 1755

The Brasilian Pie or Toucan. Drawn after Nature by Geo. Edwards

238

Der nordliche Penguin　　Tab XLII

G. Eduards ad viv. delin.

Penguin Arcticus.

J. M. Seligmañ excudit.
Oon. Priv. Sac Caes. Majestatis.
N°. 42. V.^{ten}Theil.

Joh. Sebaft. Leitner sculps.

Le Penguin du Nord.

　　尽管爱德华兹的插画尚有不足之处，但他对这些标本作了仔细而详尽的描述。事实上，林奈用爱德华兹的详细观察为近 350 种鸟命名，其中很多是"模式"标本。（模式标本是一种典型的标本，某个物种的描述以它为基础，其新种命名以它为依据。）

　　爱德华兹的鸟类画相对于早期一些画家有所改进，他画的鸟姿势大体上真实，但在羽毛方面还存在问题。他画的极乐鸟尾巴看起来像一捆小麦，灰孔雀雄身上的羽毛看上去像毛发。

上图：乔治·爱德华兹《北方企鹅》（实际上是大海雀），选自《珍稀鸟类自然史》

左图：乔治·爱德华兹《托哥巨嘴鸟》，选自《珍稀鸟类自然史》。

G. Edwards ad viv. delin.

Cum Priv. Sac. Caes. Majestatis.
Nº 84. VIIIter Theil

J. M. Seeligmann excudit

Dodo avis
Mus Africanus
Porcellus Guineensis dictus.

Le Dodo et le Cochon d' Inde.

在他修订的凯茨比《卡罗来纳、佛罗里达和巴哈马群岛自然史》（1754年）中，插画着色太过鲜艳，不能反映自然界的真实色彩。爱德华兹被描述为"大自然的记录者，而非有天赋的艺术家"。他给人留下的印象是，假如他那个时代有照相机的话，他可能会成为一个伟大的摄影师。

1750年，爱德华兹被授予科普利奖（这是英国皇家学会颁发最悠久、最著名的科学奖项），以表彰他在科学领域的杰出成就。

LESSER KING BIRD OF PARADISE.

Published July 31.1802.by Harrison, &Co.N°.108.Newgate Street.

左图：乔治·爱德华兹《渡渡鸟（和豚鼠）》，选自《珍稀鸟类自然史》。

右图：乔治·爱德华兹《王极乐鸟》，选自《珍稀鸟类自然史》。描绘得不是很逼真，颜色特别暗淡。

阿尔特·舒曼
AERT SCHOUMAN

荷兰人，1710—1792年

阿尔特·舒曼出生于荷兰多德雷赫特，15岁时师从艺术家阿德里安·范·德·伯格。他最初画的主题为圣经和神话，后来又画鸟类装饰画，再后来是肖像画和风景画。

舒曼于1733年招收了第一个艺术学生，并在余生继续教书，同时他也用日记详细记录了他的工作状态。他不仅是一位多产的画家，而且是一位玻璃雕刻师、制版师、收藏家和商人，成绩同样斐然。他的作品有静物画、肖像画、素描、蚀刻画，挂毯和壁挂以及扇子和鼻烟盒之类的装饰品。舒曼的一幅著名肖像画绘有科内利斯·范·利尔（多德雷赫特艺术收藏家兼赞助人）、范·利尔的孙子以及画家本人。他还有一幅自画像。

舒曼的灵感来自早期画家，尤其是洪德库特尔（参见第23页），但形成了自己的独特风格。他根据收藏家陈列室的死鸟以及鸟舍的活鸟作画。陈列室被称为"珍奇屋"（最初是房间，后来演变为橱柜等家具），里面收藏有各种各样的自然物品，使其主人成为自然史信息的来源。1786年，舒曼受一个庄园的委托，创作了七幅绘有各种鸟图案的壁挂。这些壁挂合起来围成一个圆圈，给人一种置身于自然的感觉。

舒曼根据自己在贵族鸟舍里看到的鸟作画。结果，他经常把来自不同大陆的鸟类画在同一棵树上，例如，在一幅画中，有一只红腹锦鸡原产于中国森林山区，旁边一只珠鸡却生活在撒哈拉以南的非洲草原。这幅画的背景是森林，但远处似乎是棕榈树。在另一幅作品中，一只来自非洲的维达鸟栖息在来自南美的伞鸟旁。同样，一只来自非洲的寡妇鸟与一只来自亚洲的鹦鹉放在一起。尽管如此，舒曼的鸟画还是相当逼真。不过，许多鸟的羽毛看起来是皱巴巴，而不是整洁光滑。在一幅题为《红嘴巨嘴鸟》（1748年）的水彩画中，红嘴巨嘴鸟的两个脚趾在树枝前上面，两个脚趾在后下面，表明舒曼对这只鸟的自然姿势观察非常仔细。然而，这只鸟鸟嘴的末端弯曲且尖利，与自然中真实的鸟不同。

在舒曼的许多作品中都出现了红腹锦鸡，还有其他几种雉鸡。雉鸡的颜色非常鲜艳，很容易圈养，也不是特别活跃的物种，它们几乎一辈子都待在地面上，是很好的艺术研究对象。即使在今天，它们仍然是很受欢迎的绘画题材。同样，其他被圈养的鸟类，例如鸭子、鹅、天鹅、鸡和山鹑，也很容易用于观察与作画。鹦鹉也是如此，它们通常不太活跃，长时间栖息在同一个地方。观察自然中的鸟类则要困难得多，然而，这样做可以让艺术家从不同角度观察鸟类的行为和生存环境。

左图：阿尔特·舒曼《红嘴巨嘴鸟》，1748年。

上图：阿尔特·舒曼《两只红脸牡丹鹦鹉和一只梅花雀》，1756年。

左图：阿尔特·舒曼《一只非洲长尾寡妇鸟和一只亚洲蓝冠短尾鹦鹉》，1783年

上图：《野禽》，阿尔特·舒曼，日期不详。珠鸡来自非洲，红腹锦鸡来自中国。

下图：阿尔特·舒曼《墙上的两只蓝紫色剪嘴鸥》，日期不详。

1. *Corvus cristatus*, Blue Jay. 2. *Fringilla Tristis*, Yellow-Bird or Goldfinch.

3. *Oriolus Baltimorus*, Baltimore Bird.

Drawn from Nature by. C. Wilson.

1

Engraved by

THE YELLOW OWL,

GILLIHOWLET, CHURCH, BARN, OR SCREECH OWL.

(*Strix flammea*, Linn.—*Chouette effraie*, Temm.)

Small Green-billed Malkoha (Rhopodytes viridirostris).

早期的自然史研究包括观察、记录、收集、命名和描述。有些文本比其他文本更有条理，重点更突出，但是很少有作者去做认真细致的分析。在很大程度上，他们的作品只是对随机观察后草草记下的笔记和想法进行汇编。相反，科学是通过有计划的观察和／或实验对自然界进行系统地研究。

在欧洲和美洲的启蒙时代（1715—1789 年），自然史的重点是对生物进行识别。这意味着两大洲之间的操作标准必须趋于一致，双方必须建立各种协定。早期的美洲自然学家使用欧洲的方法，但是，美洲人做了更多野外调查，收集了更多标本。双方互相支撑。

随着自然史变得更加缜密、详细和系统，与之相伴的艺术也是如此。实地观察变得更能反映实情。艺术同样如此。大多数自然学家并不是天生的艺术家，他们学习艺术，主要是把它用作拓展自然研究的一种手段。反过来，当艺术家们对大自然产生兴趣时，他们的技巧使鸟类艺术更具有真实性。

托马斯·比威克和亚历山大·威尔逊为从野外工作中获得丰富的鸟类学经验和知识，为他们的许多插画撰写了文本。伊丽莎白·西蒙兹·格威利姆夫人在其插画上用铅笔写的注释虽然没有他们那么正式，但也提供了同样丰富的信息。比威克画的鸟背景细致入微，而格威利姆的背景则比较简单。威尔逊的画几乎没有背景，但他往往能够表现一些生活史细节，例如，莺给幼小的燕八哥喂食。燕八哥是一种巢寄生鸟，把卵产在莺的巢中，由莺代为育养。

随着人们对鸟类及其栖息地的了解越来越多，艺术家意识到，把鸟类放在其真实的生长环境中予以描绘极为重要。仅仅把它们放在树枝或岩石上，不足以解释它们在哪里以及如何生活。此时，自然学家正在研究生物之间的相互关系以及它们的自然栖息地，生态学（源自希腊语，意思是"家的研究"）逐渐产生。今天跟那时一样，鸟类研究也处于生态发现的前沿。

第 60 页图：亚历山大·威尔逊《冠蓝鸦、金翅雀和巴尔的摩鸟（黄鹂）》，日期不详。

左图：托马斯·比威克《黄鹂、教堂鹆、仓鹆或鸣角鹆》，选自《英国鸟类史》（1797—1804 年）。

上图：伊丽莎白·西蒙兹·格威利姆夫人《小绿嘴地鹃》，1801 年。尾羽残破表明这只鸟是被捕获的。

托马斯·比威克
THOMAS BEWICK

英国人，1753—1828 年

　　托马斯·比威克出生于诺森伯兰郡奥温厄姆附近，在 8 个孩子中排行老大，父母都是佃农，以每年 4 英镑的价格租种 8 英亩（约 0.03 平方千米）土地。

　　比威克虽然在学业上不太出色，但艺术方面很有天赋，他在学校石板（旧时学生写字用）上，显然还有他家的石质地板上，都画满了粉笔画。他一直在学校读书，直到 14 岁时，他跟随雕刻师拉尔夫·贝尔比当学徒。在 7 年学徒生涯中，他学会了如何在木头和金属上雕刻，不久专攻木口木刻。几年后，比威克作为合伙人加入了贝尔比在纽卡斯尔的公司。

　　在比威克以前，印刷品都配有木版（一般指木面木刻）插画。早期雕刻家使用木匠的工具，可以雕刻出精美的细节，但出版商此时开始偏爱使用铜版雕刻，因为其效果更好。比威克是"木口木刻"技术的先驱，他使用金属雕刻工具把黄杨木（一种纹理细密的树）雕刻成衬版。与传统利用纵剖板面刻制的木面木刻不同，他利用横断板面刻制，使衬版更耐用。

　　最终，比威克开始自己撰写书稿、配制插画并出版。比威克和贝尔比有 30 个学徒为他们工作。1790 年，他们的《四足动物通史》出版，这本插画书厚达 500 多页。该书表明其兴趣不在动物的分类上，而是想"对每一种动物的天性、习性和性情作简明扼要的说明，并

左图：托马斯·比威克《黑啄木鸟》，选自《英国鸟类史》（1797—1804 年）。

左下图：托马斯·比威克《小嘴乌鸦》，选自《英国鸟类史》。

右下图：托马斯·比威克《针尾鸭》，选自《英国鸟类史》。

附上比以前出版过的书更精确的插画"。这本书本来是给儿童看的，却深受成年人喜爱。因此，身兼作者的插画家们着手创作一本更严肃的自然史著作《英国鸟类史》，该书成为比威克最著名的作品。

比威克筹备《英国鸟类史》的时候，当地人和海员给他送来了活鸟和死鸟。这些鸟，加上他在自然中的详细观察，使其作品变得非常生动。比威克为第一卷《陆禽》雕刻木版画，把文字工作交给贝尔比，而贝尔比做得很吃力，因此，比威克又把这一任务接了过去。结果，1797年这一卷出版时，贝尔比的名字再没有出现在书名页上。双方由此产生分歧，导致合伙关系解散。下一卷《水禽》于1804年出版，由比威克在学徒们的帮助下完成。这一卷跟第一卷一样成功。只有富人才能买得起配有铜版插画的自然史书籍，而由于比威克的木刻作品要便宜得多，所以更多人买得起。木版画是大众的艺术。

　　《英国鸟类史》按照摄食习性对鸟进行合理分类，例如食谷鸟、杂食鸟和食肉鸟等类群。该书把鸟的俗名和学名标注出来，同样也把它们的行为、体貌和分布状况作了标注。比威克的书有时被视为观鸟者的第一本"野外指南"。这本书重印过好几次，1826 年推出第六版，1832 年推出遗作版，1885 年推出纪念版。

　　比威克或是根据活鸟或是根据标本鸟雕刻，制作的木版画纤毫毕现，但是许多鸟看起来很呆板，似乎受到惊吓。例如，喜鹊、鸫和鸫看上去像是受到惊吓，准备飞离。

　　《英国鸟类史》不乏一些著名的崇拜者。约翰·詹姆斯·奥杜邦（参见第 85 页）率先用比威克的名字把一种鸟命名为"比威克鹪鹩"，并对其进行描述，因为"我很荣幸能与他相识，他始终是一个非常随和、善良和仁义的朋友"。夏洛蒂·勃朗特对这本书爱不释手，威廉·华兹华斯在一首短诗开头一句这样写道："噢，要是我拥有比威克那份天赋……"

伊丽莎白·西蒙兹·格威利姆夫人

LADY ELIZABETH
SYMONDS GWILLIM

英国人，1763—1807 年

伊丽莎白·西蒙兹·格威利姆出生于赫里福德郡的怀伊，父亲是一位石匠兼建筑师。17 或 18 岁时，她嫁给了律师亨利·格威利姆。婚后，夫妇俩携伊丽莎白的妹妹玛丽搬到印度的马德拉斯（现称金奈）。

在马德拉斯，亨利在殖民地司法系统担任法官，伊丽莎白则用书信方式记录她在印度的生活，绘制该国的风景和鸟类画。这个家庭积极参与社交活动，然而，姐妹俩虽然喜欢拜访或接待同为英国人的客人，但是也抱怨缺乏隐私，因此便把更多时间花在乡下。这给了她们更多作画机会，伊丽莎白专注于画鸟，而玛丽则喜欢画鱼和花。

格威利姆夫人绘制很多生活在自然栖息地的印度鸟类水彩画，完全可以跟约翰·詹姆斯·奥杜邦（参见第 85 页）的水彩画相媲美，而奥杜邦则比她晚一代登上艺术舞台。19 世纪早期，人们乐见女性画出精美的作品，但是认为她们并不合适成为"真正的"艺术家。因此，与奥杜邦不同的是，在印度不到六年时间里，她总共创作了 201 幅作品，却从未发表过。

在格威利姆夫人的一些画中，她用铅笔对所画的鸟做出描述，涉及鸟的栖息地、自然史、性别差异以及其他信息，表明她对鸟类学知识非常了解。就每一幅画而言，鸟所处的背景都恰如其分，真实再现了印度鸟类栖息地的树木、灌木及其他景物。

她的画作之所以引人注目，不仅因为它们取材于现实生活，而且因为它们的尺寸真实。几乎所有的画都与实物一样大小。这一点非比寻常，因为印度有些鸟非常大。例如，一幅苍鹭画尺寸为 8461 厘米（3324 英寸），现实生活中，这种鸟伸长脖子时大约 1 米（39 英寸）高。大麻鳽的实际高度为 81 厘米（32 英寸），在她的画中为 76 厘米（30 英寸）。即使是体型最大的秃鹳，在她的画中也跟现实生活中一样大小。奥杜邦率先创作出与实物等尺寸的鸟类肖像，但就原创性而言，这一殊荣应归于格威利姆夫人。她把自然中的鸟类忠实再现出来，足以证明她拥有高超的艺术才华以及对自然的敏锐观察力。格威利姆夫人的画作现收藏于加拿大皇家安大略博物馆，该馆前鸟类学家特伦斯·迈克尔·肖特曾评论说，她的作品是"最精美的亚洲鸟类画"。

右图：伊丽莎白·西蒙兹·格威利姆夫人《凤头蜂鹰》，1801 年。

Pond Heron or Paddy Bird
(Ardeola grayii)

上图：伊丽莎白·西蒙兹·格威利姆夫人《印度池鹭》，1801年。

右图：伊丽莎白·西蒙兹·格威利姆夫人《大麻鳽》，1801年。

格威利姆夫人1807年12月21日去世，具体死因不明，被安葬于马德拉斯的圣玛丽教堂。后来，丈夫把她这些画作带回英国。

18世纪晚期，在印度实行殖民统治，英国人想要把他们在印度的生活记录下来，于是雇用了一些印度艺术家。为了捕捉日常生活场景，现实主义成为印度艺术的一个主要特征，格威利姆夫人对此可能具有一定影响。

上图：伊丽莎白·西蒙兹·格
威利姆夫人《黑翅雀鹎》，
1801年。

右图：伊丽莎白·西蒙兹·格
威利姆夫人《铜翅水雉》，
1801年。

Jacana (Metopidius indicus).

亚历山大·威尔逊
ALEXANDER WILSON

苏格兰人，1766—1813 年

被誉为"美国鸟类学之父"的亚历山大·威尔逊出生于苏格兰的佩斯利。10 岁或 11 岁时，开始跟织布工当学徒。五年后，他离开家，开始在乡村漫游，必要时打工挣钱，空闲时创作诗歌。

威尔逊的一些诗属于政治讽刺诗，对织工们工作的工厂进行讽刺。他因自己的言论而被捕入狱，出狱后，他决定到别处碰碰运气。

27 岁时，他和一个侄子登上一艘驶往美国东海岸特拉华的船，开始为期四个月的海上之旅，旅途中一直睡在甲板上。到达特拉华州后，他做过劳工、印刷工和织布工，后来，他搬到新泽西州，再后来，他搬到宾夕法尼亚州的格雷渡口，开始从教生涯。在那里，他遇到另一位苏格兰人亚历山大·劳森，劳森教他素描、油画和蚀刻画，他还遇到威廉·巴特拉姆，巴特拉姆是第一位探索佛罗里达州浓密热带森林的自然学家。巴特拉姆还是最早整理美国鸟类名录的自然学家之一，该名录共收录 215 个鸟类标本。他激发了威尔逊在绘画方面的天赋和对自然的兴趣，尤其是鸟类学。威尔逊利用巴特拉姆的图书馆，并把许多画作送给他以征求意见。

1803 年前后，威尔逊开始一系列游历，其中包括从格雷渡口步行到尼亚加拉瀑布，行程超过 640 千米（400 英里），沿途观察各种鸟类。在旅途中，他学习艺术和鸟类学。1806 年，他成为 19 世纪英国重要百科全书《里斯百科全书》美国版的助理编辑。这给了他机会和时间追求自己的梦想，编撰一本关于美国所有鸟类的绘本书，著名的《美国鸟类学》由此诞生。《里斯百科全书》的出版商塞缪尔·布拉德福被威尔逊的勤勉执着和高超技能所感动，决定为他的作品提供资金支持，前提条件是威尔逊必须事先找到 200 名订阅者，他们愿意承诺购买这本书。威尔逊继续旅行，通常是独自一人，途中推销订单、收集信息并绘制作品。在七年时间里，他的行程超过 19300 千米（12000 英里），主要是步行。

在当时不同寻常的是，书中插画的大部分文字都是由威尔逊撰写。成为艺术家、作家兼科学家以前，他没有接受过正规训练，家中也没有几本藏书。然而，但他的作品表明，他是一位目光敏锐的自然史学家，对自己的观察记录得非常详细。《美国鸟类学（第一卷）》1808 年出版，10 张图版里各有 2—6 只鸟。1808—1814 年，他的九卷本《美国鸟类学》最终出齐。

左图：亚历山大·威尔逊《野火鸡》，选自《美国鸟类学》（1808年）。

上图：《涉禽》，亚历山大·威尔逊，选自《美国鸟类学》。画面展示的是弗吉尼亚秧鸡、长嘴秧鸡、小蓝鹭和小雪鹭。

右图：亚历山大·威尔逊《红翅椋鸟》（实际上是拟鹂），1808—1814 年。

威尔逊花费相当多时间推销这九卷书的订单，每卷高达 120 美元，比他当老师一年赚的钱还要多。他花了 6 个月时间划船或骑马旅行，行程约 4820 千米（3000 英里），收集鸟类标本并推销图书订阅券。他赢得 250 个订户，还第一次到白宫给托马斯·杰斐逊送书。

奥杜邦（参见第 85 页）当时是肯塔基州一家商店店主，据他说，威尔逊曾试图向奥杜邦出售一份订单，当他把自己收藏的鸟类画作向威尔逊展示时，威尔逊变得很沮丧。威尔逊在书信中没有提及这次会面，因此，这个故事的真实性值得怀疑。

《美国鸟类学》收录了 268 种鸟的插画和描述，其中 26 种以前不为人知。威尔逊的画很出色，但他重点关注鸟类的外部解剖结构，而不是它们的行为或栖息地。他的画是当今野外指南类绘画的前身，展示出鸟的特征和姿势，以帮助人们识别。书中有许多西方鸟类，他在现实生活中未曾见过，主要是依据他人收集的标本而绘，包括著名的美国探险家梅里韦瑟·刘易斯和威廉·克拉克。有一幅画画了三只鸟，包括克拉克星鸦、刘易斯啄木鸟和黄腹丽唐纳雀，他可能从未见过活鸟。

不幸的是，威尔逊在完工前死于痢疾。这本书最终由美国鸟类学家兼作家乔治·奥德完成。

1. *Red-winged Starling.* 2. *Female.* 3. *Black-poll Warbler.* 4. *Lesser Red-poll.*

ORTYX
QUAILS

1. Douglas's Quail   3 Crested
2. Californian Quail 4 Californian Male

Drawn by Joseph Wolf.   Engraved by Wm Hart.

科学家兼历史学家艾略特·库埃斯指出，"跟（威尔逊的）鸟类学著作篇幅相当，而且没有讹误的书，恐怕再也找不出第二本。"他接着又说，"即使把威尔逊以前关于美国鸟类的每一本书都销毁，也不会给科学界造成什么损失。"很难想象还有比这更高的评价。

威尔逊的作品在鸟类学界影响深远，有好几种鸟类都以他的名字命名：黑头威森莺、威氏鹬、威尔逊暴风海燕（黄蹼洋海燕）、威尔逊瓣蹼鹬（赤斑瓣蹼鹬）和威尔逊鸻（厚嘴鸻）。威尔逊鸟类学会成立于1888年，是美国主要的鸟类科学协会，该协会会刊为《威尔逊鸟类学杂志》。

EARLY SCIENTIFIC ILLUSTRATION
早期科学插画

V

第80页图：约翰·詹姆斯·奥杜邦《美洲红鹳（现称大红鹳）》，选自《美洲鸟类》（1838年）。

上图：约翰·古尔德和伊丽莎白·古尔德《米切氏凤头鹦鹉》，选自古尔德夫妇《澳大利亚鸟类》（1840—1848年）。

右图：约翰·詹姆斯·奥杜邦《野火鸡》，选自《美洲鸟类》。

插画是力求传达信息或思想的艺术。插画可能还附上文字，或者只是由视觉图像构成。海报、传单、广告牌、教科书以及其他媒体使用插画生动形象地呈现它们所要传达的信息。科学插画也没有什么不同，只是它们的受众较少，而且强调的是准确性和实用性，而不是美学（不过，许多科学插画也很有吸引力）。

数百年来，科学插画一直聚焦于自然科学和整个生物圈。最早的自然史学家把他们观察的结果勾画出来，尽管有些结果只是他们的凭空想象。康拉德·格斯纳在《动物史》（1604年）中描绘了一只山羊美人鱼，他称之为"海鬼"。（中世纪）"动物寓言集"之类的书籍配有描绘各种动物的插画，每一篇故事通常都附有道德寓意。它们对现实中鸟与神话中的鸟不加区分，往往会把凤凰和鹈鹕相提并论。最终，大多数虚构的动物都从严肃文本中消失。

随着鸟类学家和艺术家对鸟类的关注愈发密切，他们觉察到一些更细微的特征，例如，鸟足是蹼状、瓣状，还是具有很长的爪子？鸟嘴是平直、细薄、宽阔、上翘还是下钩？鸟具有什么识别特征，是翼带、眼环、艳丽的羽毛，还是斑斓的色彩？他们观察得越多，学到的就越多，创作的艺术作品就越细致。

鸟类身体表面大部分是羽毛。如何描绘羽毛的纹理，是艺术家面临的一大挑战，如何准确描绘羽毛的形状，则是更大的挑战。翅膀上的初级（外部）飞羽是不对称的，但随着向中间、内部过渡到次级飞羽，羽毛形状逐渐变得对称。展开的翅膀能够反映鸟类的空气动力学属性。拇指上的羽毛能够像飞机襟翼那样应对湍流，艺术家描绘起飞或降落的姿势必须正确；同样的情形还适用于尾羽。鸟翅膀和身体上覆盖着交叠的羽毛，被称为覆羽，它使身体呈流线型，以减少空气阻力。要想得到精确的插画，就需要精确无误的描绘。

我们通过简要探讨每一个时代的艺术家，在从古至今不同时代前进时可以发现，艺术家充分利用自身技巧以及各自时代的新工具对鸟类进行精心描绘，推动鸟类艺术不断演化。

PLATE I

Wild Turkey. MELEAGRIS GALLOPAVO, Linn. *Male. American Cane. Miegia macrosperma.*

Drawn from nature by J.J.Audubon F.R.S.F.L.S.

Engraved by W.H.Lizars Edin.
Retouched by R.Havell Jun.

The Mocking Bird. 1. Male. 2 F.
TURDUS POLYGLOTTUS.
Plant Vulge. Yellow Jefsamin.

Rattlesnake.
CROTALUS HORRIDUS.

Drawn from Nature and Published by John J. Audubon, F.R.S.E. M.W.S.

Engraved, Printed and Coloured by R. Havell & Son, London.

约翰·詹姆斯·奥杜邦
JOHN JAMES AUDUBON

法裔海地人，1785—1851 年

如果你让美国人说出一个鸟类艺术家的名字，大多数人除了奥杜邦之外恐怕难能说出第二个。约翰·詹姆斯·奥杜邦的《美国鸟类》（1838 年）是鸟类学领域有史以来最好的著作之一。

奥杜邦出生于现在的海地，但政治动荡迫使他的家人搬到法国。18 岁时，让-雅克·富热尔·奥杜邦（Jean-Jacques Fougère Audubon）移民到美国，并改名为约翰·詹姆斯·奥杜邦。

奥杜邦前往宾夕法尼亚州乡村，在森林覆盖的山中漫步。他打猎、观察、收集与素描，逐渐迷上了野生动物。他对鸟类和艺术的兴趣成倍增长。

奥杜邦娶一个邻居为妻，搬到肯塔基州，在那里开了一家干货店。奥杜邦经营这家店的时候，亚历山大·威尔逊（参见第 75 页）路过这里，试图向他出售《美国鸟类学》订单。奥杜邦的助手用法语小声对威尔逊说，奥杜邦的画比他的画更好。奥杜邦拒绝购买威尔逊的书。商店倒闭后，奥杜邦搬到俄亥俄州，后来又搬到路易斯安那州。由于生意失败，他于 1819 年申请破产，并因此入狱一段时间。出狱后，奥杜邦依靠为他遇到的人作粉笔画以及教授法语勉强维持生计。他最终决定，从观察和绘制他在密西西比河沿岸观察到的鸟开始，要把美国的每一只鸟找到并画出。靠妻子当老师的工资生活，奥杜邦创作了大量绘画作品。1826 年，他乘船来到英国寻找出版商，他带来的作品在英国深受欢迎，使第一批插画得以顺利出版。

奥杜邦《美洲鸟类》展示出鸟类在真实环境中的情景，例如，嘲鸫的巢被蛇攻击。奥杜邦还是一个会讲故事的人，他（与苏格兰鸟类学家威廉·麦吉里夫雷合作）为这些画撰写了《鸟类传记》。正如前人或后来者那样，为了近距离研究鸟类，他也把它们射杀下来。为了使鸟的姿势具有真实感，他又用铁丝和木头做成一个架子，把死鸟固定在上面。野外观察使他能够画出逼真的姿势，他画出的鸟往往都处于某种动态中，而且往往与实物一样大小，但他有时候也不得不做出妥协，例如，在画《大蓝鹭》时，他不得不把身高 106 厘米（42 寸）的鸟的脖子放在一个尴尬的位置，才能使整只鸟在 99 厘米（39 英寸）的画纸上表现出来，因为这一尺寸是 19 世纪早期印刷用纸的最大尺寸。

左图：约翰·詹姆斯·奥杜邦《嘲鸫和响尾蛇》，选自《美洲鸟类》（1838 年）。

上图：约翰·詹姆斯·奥杜邦《东菲比霸鹟（奥杜邦为这些鸟佩戴了环志）》，选自《美洲鸟类》。

Great blue Heron. ARDEA HERODIAS. Male

鸟 类 博 物 志

原作用水彩画完成后，被转换成铜版画并付印，印出的画大都是黑白色。然后，每幅画都由生产线上的着色师手工着色，着色师可能多达 150 人。图版共有 435 张，雕刻的鸟为 1055 只。

1827—1838 年间，奥杜邦的《美洲鸟类》分成八十七卷，分批寄给订阅者。每隔几个月，订阅者就会收到一个含有五张版画的包裹：一只大鸟、一只中等的鸟和三只小鸟。整套图书需要订阅者支付 1000 美元。奥杜邦过上了体面的生活，在纽约定居下来后他继续旅行，寻找更多的鸟。1841 年，相当于原版八分之一大小的"八开本"出版，价格不再那么昂贵，逐渐流行开来。这本书尺寸为 2515 厘米（106 英寸），比现在大多数野外指南要略大一些，是第一本普通人能买得起的鸟类图鉴。

奥杜邦的某些画作与亚历山大·威尔逊的作品相似，多年来人们就此争论不休。奥杜邦的《白头雕》《密西西比灰鸢》和《红翅黑鹂》与威尔逊的作品极为相似，很难想象这只是一种巧合。

不管怎样，奥杜邦把鸟类艺术介绍给了公众，这是其他人不曾做到的。尽管他射杀了数百只鸟，还吃掉了许多，但他的名字现在已成为鸟类保护的同义词。1886 年，为了回应为制造时尚配饰而屠杀鸟类的行为，以他的名字命名的奥杜邦学会成立。他是仅有的两个被选为英国皇家学会会员（当时最重要的科学组织）的美国人之一，另一个是本杰明·富兰克林。

以奥杜邦名字命名的鸟有奥杜邦黄鹂（黑头拟鹂）、奥氏鹱，还有一种以前被称为奥杜邦莺（黄腰林莺）。

左图：约翰·詹姆斯·奥杜邦《大蓝鹭》，选自《美洲鸟类》。为了把高达 106 厘米（42 英寸）的整只鸟绘在 99 厘米（39 英寸）的纸上，这只鸟的脖子弯曲得很不自然。

右图：约翰·詹姆斯·奥杜邦《白头雕雏鸟》，选自《美洲鸟类》。

PLATE CCCXI

American White Pelican
PELICANUS AMERICANUS, Aud.
Male Adult

Drawn from Nature by J. J. Audubon, F.R.S. F.L.S. Engraved, Printed & Coloured by R. Havell, 1836

左图：约翰·詹姆斯·奥杜邦《美洲白鹈鹕》，选自《美洲鸟类》。

右图：约翰·詹姆斯·奥杜邦《雪鸮》，选自《美洲鸟类》

普利多·约翰·塞尔比

PRIDEAUX JOHN SELBY

英国人，1788—1867 年

塞尔比以其《英国鸟类学插画》（1821—1834 年）而著名，这是第一套与实物一样大小的英国鸟类插画。在塞尔比的作品中，我们能够发现奥杜邦等人忽视的科学信息和编排，例如羽毛差异、雄性和雌性、雏鸟和成鸟、冬季和春季等。

塞尔比察觉到这些区别，奥杜邦可能没留意到。例如，奥杜邦的"塞尔比莺"（或称"霸鹟"）实际上是一种雌性黑枕威森莺，而他的"华盛顿雕"可能是一种未发育成熟的白头雕。塞尔比的书还包含一个术语表，主要是解剖学术语，并按类群和学名对物种进行编排。系统地辨识鸟类之间的关系，这是自然科学的一个进步。

塞尔比出生于英国诺森伯兰郡自家的庄园特威泽尔庄园（Twizell House），他父亲是一个古老而有势力的家族首领。小时候，塞尔比研究当地鸟类的习性，以它们为题材作画，并从家族管家（一个熟练的动物标本剥制师）那里学会如何保存与展示标本。十二三岁前，塞尔比撰写过一份手稿，里面记录一些常见鸟类的习性，并配有精美的彩色插画。他在牛津大学大学学院待了一段时间，因父亲 1804 年去世，便辍学回家管理庄园。

塞尔比成为一位有绅士风度的自然学家，对自然史尤其是鸟类学充满热情，凭借自身作为艺术家兼知识分子的才能，成为英国科学界的重要人物。1819 年，塞尔比决意创作一套全尺寸的英国所有鸟类插画。塞尔比在内兄罗伯特·米特福德帮助下画鸟，但因为两人都不知道如何雕刻画版，所以米特福德前往纽卡斯尔，向托马斯·比威克请教。反过来，米特福德再教塞尔比。威廉·霍姆·利扎斯是一位杰出的雕刻家，为当时主要的自然史出版物制作过许多画版，帮助塞尔比改进一些画版。

特威泽尔庄园变成自然学家从伦敦到爱丁堡的中转站。奥杜邦在 1827 年到访，推销《美洲鸟类》订单，他和塞尔比成为好朋友。奥杜邦给塞尔比画了一只凤头麦鸡作为礼物，塞尔比后来也画过一只绿色的凤头麦鸡，外形与奥杜邦那一只十分相似。显然，塞尔比还从奥杜邦那里上了一些绘画课。

塞尔比的大象对开本《英国鸟类学插画》共分 19 卷，由两部大对开本的书构成：一部是陆禽，1825 年出版；另一部是水禽，1833 年出版。两本书订阅价为 105 英镑。塞尔比花

上图: 普利多·约翰·塞尔比《大鸨》，选自《英国鸟类学插画》（1821—1834 年）。

右图: 普利多·约翰·塞尔比《雌白尾鹞和雄白尾鹞》，选自《英国鸟类学插画》。

PLATE X.

HEN HARRIER.

1. Male.
2. Female.

PLATE X.

WHITE SPOONBILL. MALE.

了 14 年时间才完成这个项目。这部著作由 218 张绘有 280 种鸟的图版和 4 张解剖图图版构成，但没有文字。大多数鸟都是一只鸟占用一张图版，细节渲染极为出色，但几乎没有背景。塞尔比对这些鸟进行系统地分类，并给出一个解剖术语表，用以描述各种鸟的详细特征。这是自然史作为一门科学向前发展迈出的一大步。

　　塞尔比画的鸟与真实的鸟一样大小，被认为是当时所有英国鸟类画中最精美、最逼真的。塞尔比之所以没有得到广泛认可，唯一原因也许在于约翰·古尔德和伊丽莎白·古尔德的《欧洲鸟类》几乎同时出版。古尔德夫妇的作品包含的鸟类有很多跟塞尔比相同，并采用平版印刷技术制作，这种技术在当时更先进，吸引了大众的注意力。

左上图：普利多·约翰·塞尔比《白琵鹭》，选自《英国鸟类学插画》。

左下图：普利多·约翰·塞尔比《叉尾王霸鹟》，选自《英国鸟类学插画》。

右图：普利多·约翰·塞尔比《大耳鸦》，选自《英国鸟类学插画》。

GREAT EARED OWL. M.

伊丽莎白·古尔德
ELIZABETH GOULD

英国人，1804—1841 年

伊丽莎白·阿尔宾（1708—1741 年）可能是第一位为鸟类书籍绘制插画的女性，在她之后又出现了一位更有名的女性。伊丽莎白·古尔德（娘家姓考克森）是一位多产的艺术家，为鸟类学著作绘制了许多插画，其中包括查尔斯·达尔文的《贝格尔号航行期间的动物学》。

在维多利亚时代以前，伊丽莎白是她那个阶层年轻女性的典型代表，学习音乐、舞蹈、现代语言以及绘画等技巧，目的是成为一个多才多艺的淑女。22 岁时，伊丽莎白成为一个贵族的家庭教师，但她觉得这个职位枯燥乏味。她嫁给了鸟类学家兼标本剥制师约翰·古尔德，两人当时都是 24 岁。

1824 年，约翰·古尔德在伦敦创办了一家动物标本制作公司，后来为伦敦动物学会工作。在那里，他遇到英国很多顶尖的自然学家，而且常常第一个看到那些送给动物学会的鸟类标本。约翰开始撰写鸟类学方面的作品，而伊丽莎白则在约翰写给同事们的信中配上插画。伊丽莎白还向英国艺术家、音乐家兼作家爱德华·里尔学习平版印刷术，以便为约翰的作品绘制插画。（平版印刷术是一种发明于 1796 年的印刷技术，用碳和蜡笔在一块光滑的石版作画，比木版画或金属版画的画面更柔和。这项技术迅速流行开来，在随后 50 年里逐渐取代了雕版。）

1830 年，约翰·古尔德决定出版一卷手绘的印度珍稀鸟类平版印刷画，通过订单方式出售。伊丽莎白以自己绘制的剥制标本画为基础，制作 80 幅平版印刷画，描绘大约 100 种鸟，其中许多鸟以前都不为科学界所知。经过一番努力，她的作品《喜马拉雅山脉百鸟集》获得巨大成功。（标题中的"百鸟"指配插画的 102 只鸟。）

此后，古尔德夫妇开始做另一个项目：《欧洲鸟类》。五年间，伊丽莎白共制作 448 张插画图版中的 380 张，其余的由爱德华·里尔完成。印度鸟类标本往往用填充物填塞，并安上支架，看起来很僵硬，而许多欧洲鸟类虽被关在笼子里，但在被绘制的时候都还是活的。这使伊丽莎白的画显得栩栩如生，色彩也更加真实，由于鸟身上的柔软部分，如眼睛、肉垂、腿和脚上的皮肤等，会因死亡而褪色。她还给画作添加自然背景。随着伊丽莎白给画作增添深度、动态和特征等，她的技巧迅速得到提高，以创作优美、精确的作品而闻名。

上图：伊丽莎白·古尔德《绿啄木鸟》，选自约翰·古尔德和伊丽莎白·古尔德《欧洲鸟类（第二卷）》（1832—1837 年）。

右图：伊丽莎白·古尔德《棕尾虹雉》，选自约翰·古尔德和伊丽莎白·古尔德《喜马拉雅山脉百鸟集》（1830—1832 年）。

LOPHOPHORUS IMPEYANUS.

Male ⅔ Nat. Size.

Drawn from Nature & on Stone by E.Gould.

Printed by C.Hullmandel.

TROGON ARDENS, *(Temm.)*
Rosy-breasted Trogon.

鸟 类 博 物 志

1835—1838 年，古尔德夫妇的《咬鹃科专辑》出版。全部 36 个画版上都有约翰和伊丽莎白的名字，但是，里尔提供了一些背景画。在 1858—1875 年间，《咬鹃科专辑》（第二版）出版。随着探险队在热带森林逐渐深入，他们发现了许多新的鸟类物种。新版增加 36 张图版，而原先的图版经过重新绘制，展示出鸟的运动状态，并添加包括水果和鲜花在内的更多背景，反映出咬鹃及其栖息地的新信息。

古尔德夫妇的项目中，最宏大、最著名的当数《澳大利亚鸟类》。1938 年，他们把三个最小的孩子留在英国，前往澳大利亚旅行。探险者和自然学家为了研究而把动物射杀，这在当时是惯常的做法。约翰是一个狂热的收藏家，被伊丽莎白描述为"有羽动物族群的大敌"。伊丽莎白利用做成标本的死鸟以及关在笼中的活鸟，不断磨砺自己的技艺。她的巅峰之作是，使用华丽的图版绘出缎蓝园丁鸟、壮丽细尾鹩莺（当时称蓝莺）以及各种各样的鹦鹉。七卷本《澳大利亚鸟类》至今依然是这个题材的经典之作。

PTILONORHYNCHUS HOLOSERICEUS Kuhl

100.

PTILORIS PARADISEA: *Swains:*

J. Gould and H.C.Richter del et lith.

Hullmandel & Walt.

Geospiza strenua

伊丽莎白·古尔德是最早的科学插画家之一，她的作品展现出精湛的细节。她的插画达到当今自然科学插画家协会的标准：描绘必须能够吸引观众的眼球，所画的对象必须身体比例准确、解剖结构合理。

1841年，伊丽莎白·古尔德在第八个孩子出生后不久去世，距她开始从事鸟类艺术仅有11年。很多文献资料指出，约翰·古尔德未能充分肯定伊丽莎白的功劳，常常把她创作的设计当成自己的，实际上，他对这些设计只是略做修改或表示认可。有时候，她甚至被直接无视。加拉帕戈斯群岛地雀（达尔文在《物种起源》中有所论述）的图版上没有署她的名字。然而，有两种鸟以她的名字命名，它们是古尔德雀（七彩文鸟）和古尔德夫人太阳鸟（蓝喉太阳鸟）。

上图：约翰·古尔德和伊丽莎白·古尔德《大嘴地雀》，选自查尔斯·罗伯特·达尔文的《贝格尔号航行期间的动物学，第三部分：鸟类》，（1838—1841年）。

左图：伊丽莎白·古尔德《大掩鼻风鸟》，选自《澳大利亚鸟类》。

IN THE AGE OF DARWIN
VI
达尔文时代

1831—1836 年，查尔斯·达尔文乘坐"贝格尔"号军舰完成了著名的航行。回到英国时，他已经成了知名的科学家。他继续发表自己在航行期间所做的调查笔记，1859 年，他的经典著作《物种起源》终得出版。到 19 世纪 70 年代，自然选择和进化理论被科学界广泛接受。

在达尔文以前，曾有很多人就动物和植物如何产生的问题提出自己的观点。亚里士多德在"存在巨链"中暗示这样一个概念：自然界的每一个物种都是分别创造出来，隶属于一个效用等级体系。法国修道院院长布吕希在《自然奇观》（1732—1742 年）一书中指出，鸟类的体型是由其习性决定的，例如，鹭的脖子之所以长，是因为它要抓鱼。拉马克 1801 年提出的后天获得性遗传理论与布吕希的观点相似，但更加科学。18 世纪中期，布封认为，形体相似的生物可能起源于一个共同祖先。其他人也有各自不同的观点，其中很多都与宗教信仰一致，认为世界存在一个超级生命，创造出来的生物就是这个样子。今天，这一观点被称为神创论或智慧设计论。

卡尔·林奈《自然系统》（1735 年）概述了生物应当按等级分类的观点。到 19 世纪末，他的双名命名法已被视为标准的分类方法。陈旧的观点虽然没有销声匿迹，但是随着艺术家与科学家之间的合作更为密切，艺术作品开始更充分地反映科学家的工作。

达尔文对那些跟他一起工作的艺术家影响有多大，那些艺术家对他的影响又有多大，这一点尚有争议。鉴于达尔文的经历以及他收集的大量数据，艺术家对他的思想不可能有多大影响。然而，也许他从那些描绘生物的姿势、动作和颜色的画作中得到启发，思考某些生物特征是如何产生的。达尔文在皇家学会图书馆借阅过一些由爱德华·里尔绘制插画的书籍，称其中一本书是"一部伟大的著作"。

加拉帕戈斯群岛地雀是进化论最著名的例子，其实，达尔文的研究远不止这些。他对鸟类的性选择过程表现出极大兴趣：在鸟类中，雄性的羽毛往往比雌性更加华丽，目的是吸引异性。究其原因，达尔文可能对鹦鹉或孔雀等绚丽多彩的鸟感到好奇，而它们是那个时代常见的艺术题材。

第 100 页图：爱德华·里尔《黄领吸蜜鹦鹉》，选自《鹦鹉科插画》（1832 年）。

右图：爱德华·里尔《五彩金刚鹦鹉》，1830 年。一幅早期鹦鹉画。

MACROCERCUS ARACANGA.

Red and Yellow Maccaw.

2.3 Nat Size.

E. Lear del. et lith.

Printed by C. Hullmandel.

PLATYCERCUS ERYTHROPTERUS.

Crimson winged Parrakeet.

1 Female.   2 Young Male.

E. Lear del et lith.   Printed by C. Hullmandel.

爱德华·里尔
EDWARD LEAR

英国人，1812—1888 年

里尔是英国艺术家、插画家、音乐家、作家兼诗人，主要以五行打油诗和散文为今人所知，尤其五行打油诗，是他使这种诗歌形式流行起来。

爱德华·里尔出生于伦敦，在 21 个孩子中排行第 20。他的父亲是一名股票经纪人，但资金问题使家庭破裂，孩子们被分散到不同的家庭。里尔和比他大 21 岁的姐姐住在一起，姐姐照顾他一直到他 50 岁，部分原因在于他患有癫痫、支气管炎和哮喘。姐姐教他写作，并对他的绘画兴趣加以鼓励。他从临摹绘画开始，包括临摹布封 44 卷本《自然史》中每一幅版画。16 岁时，他开始当绘图员，为动物学会绘制动物，这份工作使他能够为自己挣"面包和奶酪"。里尔还绘制彩色画作，后来为丁尼生的诗歌绘制插画。

There was an Old Man with a beard, who said, "It is just as I feared!—
Two Owls and a Hen, four Larks and a Wren,
Have all built their nests in my beard!"

1830 年，18 岁的里尔利用伦敦动物学会的鸟类为模特，开始绘制鹦鹉画，意欲绘出鹦鹉科的所有成员，并以 14 张对开本、订阅形式发行。两年后，收录 42 幅鹦鹉画的《鹦鹉科插画》一书出版。这些画非常出色，准确地捕捉并描绘出鸟的姿势和羽毛纹理。这本书出版的第二天，年纪轻轻的里尔被提名担任林奈学会的准会员。

鹦鹉绘本虽然在艺术上非常精湛，但是在财务上却遭遇失败，最终没能出齐。里尔印了 175 本，不足以收回成本，而且只卖出 125 本，更有甚者，有些订阅者还经常拖欠钱款。里尔只完成了原计划 50 幅平版画中的 42 幅。但是，这本书使里尔出了名，他被誉为当时最优秀的自然史艺术家之一。他甚至还教授年轻的维多利亚女王画画。

1831 年，里尔为普利多·约翰·塞尔比《英国鸟类学插画》（参见第 90 页）绘制了第一幅插画，这是他根据大英博物馆一个标本绘制的大海雀。1832—1836 年，里尔为第 13 代德比伯爵兼林奈学会会长爱德华·斯坦利工作，在斯坦利的私人动物园里画鸟。

里尔是第一个根据活鸟而非标本画鸟的重要鸟类艺术家，尽管不太知名的艺术家已经这样做很多年了。当时，大多数鸟类插画家雇用雕刻师来复制他们的作品，但是里尔没有足够资金聘请熟练的雕刻师。雕刻画版不仅意味着要付钱给别人，还意味着别人复制的画作，可能达不到原作标准。里尔运用平版印刷术创造艺术作品，因此，所有画作都是他自己完成的。平版印刷是一个全新、细致的过程，需要好几个步骤。里尔为一幅紫颈吸蜜鹦鹉草图上加了一行文字"我第一次平版印刷的失败之作"。

上图：爱德华·里尔，"有一个老头胡子长，他说，'正如我担心的那样！两只猫头鹰和一只母鸡，四只云雀和一只鹪鹩，都把窝做在我的胡子上！'"，选自《胡言乱语》（约 1875 年）。

左图：爱德华·里尔《孔氏吸蜜鹦鹉》，选自《鹦鹉科插画》（1832 年）。

接下来，里尔受雇于约翰·古尔德和伊丽莎白·古尔德（参见第94页），为他们的第一本书《喜马拉雅山脉百鸟集》绘制背景。然后，里尔和古尔德夫妇走访欧洲各地的动物园和收藏室，最终制作《欧洲鸟类》的448张图版，其中68个由里尔绘制。他还协助伊丽莎白准备《咬鹃科专辑》，并教她平版印刷术。他为古尔德夫妇的《巨嘴鸟科》绘制10张图版，但在该书第二版中，他的签名被从画中抹去。1881年约翰·古尔德去世后，里尔写道："我从来没真正喜欢过他。"

里尔的视力开始下降，使他感叹道："我很快就不能看见比鸵鸟小的鸟，也无法去绘制了。"1835年，他把艺术重心转向旅游和山水画。

1839年，里尔可能为达尔文的日志《贝格尔号航行》绘制过插画，据说，19世纪40年代和50年代，达尔文曾查阅里尔的科学插画。来自巴西的濒危物种里尔氏金刚鹦鹉就是以他的名字命名。

1871年12月，里尔新编的《胡言乱语》出版，书中关于鸟的五行打油诗是第一本书的两倍。

上左图：爱德华·里尔《草鹭》，选自约翰·古尔德和伊丽莎白·古尔德《欧洲鸟类》（1832—1837年）。

上右图：爱德华·里尔《雪鸮》，选自《欧洲鸟类》。爱德华·里尔制成平版画。

右图：爱德华·里尔《大紫胸鹦鹉》，1831年。又称德比伯爵鹦鹉，这一名称是为了纪念第13代德比伯爵爱德华·斯坦利。

Palæornis _____ *India.*

J.Wolf & J.Smit del et lith.

M.&N.Hanhart, imp

CERIORNIS MELANOCEPHALA.

约瑟夫·沃尔夫
JOSEPH WOLF

德国人，1820—1899 年

沃尔夫出生于普鲁士，年轻时曾潜心研究过动物，并表现出天生的绘画才能。小时候，他会用纸把鸟及其他动物的样子剪出来贴在窗户上，他对野生动物的痴迷令村民们感到很奇怪。

做了三年的平版印刷学徒后，19 岁的沃尔夫前往法兰克福，并向爱德华·吕佩尔自我推荐。吕佩尔是法兰克福博物馆的鸟类学家，研究阿比西尼亚鸟类。吕佩尔雇用他参与《东北非洲鸟类》一书的工作，并把他介绍给另一位自然学家雅各布·考普。考普不仅雇用沃尔夫，还把他介绍给荷兰莱顿自然历史博物馆馆长赫尔曼·施莱格尔教授，施莱格尔委托他为《训隼术》（书中含有一套实物大小的猛禽画以及描述鹰猎历史和技巧的文字）绘制图版。沃尔夫在莱顿艺术学校求学，学习油画和油画背景的发展史。他还为《日本动物志》中的鸟类分册绘制 20 张图版，该书是第一本对日本鸟类进行认真描述的著作。施莱格尔说，他"对这种追求准确性的态度感到震惊……"，他还说，沃尔夫比他认识的"其他任何自然史画家都要出色"。

1848 年，沃尔夫搬到伦敦，为乔治·爱德华·格雷《鸟类的属》一书绘制插画。格雷 1831—1871 年担任大英博物馆鸟类馆馆长，他描述的鸟超过 8000 种，可能涵盖了当时所知的全部鸟类。这部艺术作品由沃尔夫、爱德华·里尔（参见第 105 页）以及其他人合作完成。在 19 世纪类似的鸟类书籍中，重点通常放在彩色的版画上，但尤其值得一提的是，沃尔夫对 345 种鸟头部的描绘非常精彩。

约翰·古尔德雇用沃尔夫，带他去挪威开启采集之旅。沃尔夫为古尔德《大不列颠鸟类》和《亚洲鸟类》绘制了 79 张图版。沃尔夫作为自由职业者，成为一些探险家和冒险家的首选插画家，例如戴维·利文斯通、阿尔弗雷德·罗素·华莱士和亨利·沃尔特·贝茨等。查尔斯·达尔文当时正在研究动物的表情，他请沃尔夫根据照片和活的动物绘制一些插画。沃尔夫不同意达尔文对动物表情的解读，但两人关系很好，达尔文还经常到沃尔夫家去拜访。

沃尔夫声称，他是少数几个能够准确描绘羽毛纹理和布局的艺术家之一。这话也许有点夸张，但他的确擅长描绘羽毛，无论羽毛是附着在鸟身上，飘浮在空中，还是落到地上。

沃尔夫与荷兰插画家约瑟夫·斯密特一起，为丹尼尔·吉拉德·艾略特的《雉科专辑》绘制插画。吉拉德是一位富有的美国动物学家，美国鸟类学家联合会创始人兼会长，也是组

右上图：约瑟夫·沃尔夫《太平洋沼泽鹞》，选自 H. 施莱格尔和 A. H. 沃斯特·范·伍尔沃斯特的《训隼术》（1844 年）。这种鸟曾被称为沃尔夫鹞，现正式名称为沼泽鹞。

右下图：约瑟夫·沃尔夫《孔雀》，选自丹尼尔·吉拉德·艾略特的《雉科专辑》（1870—1872 年）。

左图：约瑟夫·沃尔夫《红腹角雉》，约 1870 年。

左上图：约瑟夫·沃尔夫《鲸头鹳》，选自 P. L. 斯克莱特《动物素描》（1861 年）。

左下图：约瑟夫·沃尔夫《大眼斑雉》，选自艾略特《雉科专辑》。

上图：约瑟夫·沃尔夫《白腹锦鸡》，选自艾略特《雉科专辑》。

约美国自然历史博物馆创始人。

沃尔夫在野外对活鸟观察细致，使其插画（无论是油画、水彩画、木版画，还是平版画）都非常逼真。他能够凭记忆画出精确的插画。他尤其擅长画羽毛为褐色或灰色的鸟，使它们跟羽毛绚丽多彩的鸟一样吸引人。剑桥大学著名鸟类学家阿尔弗雷德·牛顿称沃尔夫为"最伟大的动物画家"。

约瑟夫·沃尔夫是第一位在科学杂志上发表作品的重要鸟类艺术家。《伦敦动物学会学报》收录了沃尔夫 300 多幅平版画作品。英国鸟类学杂志《鹮》从 1859 年创刊直至 1948 年，封面上始终印有一只黑头白鹮，源自沃尔夫一幅木版画。木版彻底损坏后，这幅画才被移除。

威廉·马修·哈特
WILLIAM MATTHEW HART

爱尔兰人，1830—1908 年

威廉·马修·哈特为约翰·古尔德画过鸟，但他并不是很出名。他出生于爱尔兰利默里克，最初打算学医，但没有财力支撑这一求学目标。

就像 19 世纪许多学医的人一样，哈特也对自然史很感兴趣，设法收集了大量各种各样的医学和自然史资料，尤其是飞蛾和蝴蝶。他早年学习水彩技法，因为其父亲也是一位艺术家。

1851 年，哈特搬到伦敦，开始为古尔德工作。他先是为平版画着色，后来又为《蜂鸟科专辑》图版绘制"样板"（供着色师复制的插画母版）。古尔德在野外从未见过蜂鸟，但他收集了数千个标本，供他和着色师使用。

哈特特别喜欢运用鲜艳色彩，在平版画母版上创作出金属高光效果。古尔德负责绘制草图，哈特、伊丽莎白·古尔德（参见第 94 页）、亨利·里希特和约瑟夫·沃尔夫（参见第 109 页）负责绘制成品。哈特还与里希特一起为古尔德的《大不列颠鸟类》工作，这本书从 1862—1873 年共分 25 部分出版。两人先画出鸟的水彩画，然后转换成石图版画。

到 1870 年，哈特已是古尔德的主要艺术家兼制版师。《新几内亚鸟类》的创作始于 1871 年，哈特根据古尔德的素描绘制了 141 张图版。1873 年古尔德去世时，这项工作只完成一半，却展示出哈特的一些最佳作品（极乐鸟），因为他善于运用鲜艳的色彩。例如，在一张图版里，两只新几内亚极乐鸟面对面栖息，一只胁腹部为亮红色，另一只为黄色。哈特的油画蓝极乐鸟非常出色，但是，正如达尔文后来指出的那样，哈特由于根据标本作画，不知道雄极乐鸟在向雌极乐鸟求爱时实际上是倒挂在树枝上进行的。

古尔德和哈特都喜欢钓鱼，哈特为古尔德从泰晤士河钓到的一条鳟鱼绘制了一幅画，古尔德因拥有这幅画而深感自豪。正如爱德华·里尔（参见第 105 页）及其他人所言，古尔德不肯把功劳归于他雇用的员工或合作者。直到哈特被英国自然历史博物馆鸟类馆主管查德·鲍德勒·夏普雇用，为古尔德死后出版的《新几内亚鸟类》补遗绘制插画，他的工作才得到充分肯定。然而，古尔德在遗嘱中的确承认了哈特的功劳，但他显然不知道哈特叫什么名字（译者注：哈特为姓），因为遗嘱这样写道，"我把 250 英镑留给我的艺术家哈特"。

上图：威廉·马修·哈特《北美红雀》，选自《大英博物馆鸟类目录（第 12 卷）》，1888 年。

右图，威廉·马修·哈特《齿嘴蜂鸟》，1902 年。

ANDRODON ÆQUATORIALIS, *Gould.*

J.Gould & W.Hart del. et lith.   Walter imp.

左图：威廉·马修·哈特《一对黄眼鹊鸲》，日期不详。发现于澳大利亚东部、印度尼西亚、巴布亚新几内亚以及所罗门群岛。

右图：威廉·马修·哈特《玻利维亚歌鸲》，1888年。

哈特还为夏普的主要作品《大英博物馆鸟类目录》作画。他绘制第12卷，其他各卷由夏普、约翰·杰拉德·柯尔曼斯、斯密特等人绘制。哈特绘制的北美红雀图版格外引人注目。哈特为不同作者的各种鸟类书籍着色或绘制插画总计达2000多幅。

随着人类对自然界的探索不断扩展，艺术家们也亲临实地进行记录。摄影术出现于19世纪中期，但直到1920年前后，快门速度还非常慢，户外摄影还不可行。科学家由于需要各种细节以确保工作的严谨性，只好继续依靠艺术家精确再现自然。

实地观察变得更加详尽，了解鸟与环境以及鸟与鸟之间的关系变得更加重要。20世纪以前，人们已经创作了成千上万的鸟类插画，但其中很多都没有什么科学价值，因为它们更注重艺术性，而不是准确性。奥杜邦是一位不错的鸟类学家，他的画作很出色，能够引发人们对鸟类和自然产生极大兴趣，但它们是肖像画，几乎不涉及鸟类学知识。相比之下，阿奇博尔德·索伯恩、艾伦·布鲁克斯和布鲁诺·利耶夫什的作品往往是基于他们对活鸟的研究或在野外完成的素描，这些作品把审美素养与细致观察有机结合起来，生动表现出鸟类的特征及其在环境中所处的位置。

19世纪是鸟类学发展的黄金时代。自然史是一个热门话题，人人喜欢收集鸟类标本，个个都想知道如何给它们取名。艺术家很难拿一页纸上的鸟跟另一页纸上的鸟进行比较，为了方便，他们开始把几种相似的鸟放在同一页纸上，而这正是专著插画的核心所在。所谓专著，是指对一个类群（生物种群）进行深入、细致的学术研究，回顾该类群已知的全部物种，并综合阐述所有相关知识，例如理查德·鲍德勒·夏普的《翠鸟科专辑》，插画由约翰·杰拉德·柯尔曼斯绘制。

1883年，美国鸟类学家联合会成立，主要是为了解决鸟类命名混乱问题。分类学家罗伯特·里奇韦等鸟类学家经过全面研究，更改了许多长期使用的名字，更名过程中偶尔惹恼其他一些鸟类学家。里奇韦等人的结论主要是通过研究鸟类标本而得出，因此被一些野外鸟类学家讥称为"橱柜鸟类学家"。

随着个人探险或由赞助人资助的探险活动逐渐减少，一些政府为特定目的设立了基金。然而，由于政府基金很难获得，探险变得更有针对性，目标更明确。探险家不仅仅是带回一堆标本和图片，更重要的是，他们必须找到一种系统的方法，把新发现整合到已有的科学框架中。现在，艺术家不只是把科学发现用绘画再现出来，而且还积极投身其中，路易斯·阿加西斯·福尔特斯和罗伯特·里奇韦就是典型代表。

第116页图：约翰·杰拉德·柯尔曼斯《黄盔噪犀鸟》，日期不详。

上图：罗伯特·里奇韦的速写，日期不详。

右图：艾伦·西里尔·布鲁克斯《一只水火鸡（黑颈䴙䴘）、两只墨西哥鸬鹚（美洲蛇鹈和美洲鸬鹚）和一只墨西哥䴙䴘（克氏䴙䴘）》，1934年。美洲蛇鹈、美洲鸬鹚和克氏䴙䴘在飞翔，黑颈䴙䴘在游泳。

Allan Brooks.

约翰·杰拉德·柯尔曼斯
JOHN GERRARD KEULEMANS

荷兰人，1842—1912年

约翰·杰拉德·柯尔曼斯是荷兰人，但他一生的大部分时间都在英国工作。从1870—1900年，如果没有柯尔曼斯的插画，任何一部重要的鸟类学著作都可以说是不完整的。

1842年，柯尔曼斯出生于鹿特丹，父母鼓励他热爱自然史和绘画。柯尔曼斯掌握艺术技能后，年仅18岁就被莱顿博物馆雇用。1864年，他20岁时，获得机会前往非洲进行一次采集之旅。返回莱顿后，他在1869—1876年间为自己的第一本书《我们家和花园里的鸟》绘制200幅平版画。他还撰写文本，描述荷兰的野生鸟和笼中鸟。

到了19世纪，英国已经成为优秀鸟类书籍的主要供应国。各种鸟类标本从大英帝国各地源源不断输送到英国，需要艺术家为它们绘制插画。因此，1869年，柯尔曼斯搬到伦敦，受雇为理查德·鲍德勒·夏普的《翠鸟科专辑》绘制插画，这部著作使他名声大振。柯尔曼斯的余生在英国度过，但是他继续到各处旅行，包括欧洲大部分地区。他能说五种语言，对旅行很有帮助。

柯尔曼斯为至少115本书和期刊供稿，创作插画4000—5000幅，或许是19世纪最多产的艺术家。从1869—1909年，他每年都为《伦敦动物学会学报》和《鹮》（英国鸟类学联合会会刊）投稿，定期绘制插画。他绘制的已灭绝鸟类比他那个时代任何一个艺术家都多。柯尔曼斯为许多专著绘制插画，而插画的精确性对这些专著而言非常重要。在一本关于太阳鸟科的专著中，作者G. E.雪莱称赞柯尔曼斯的插画，说他的"名字足以保证细节的准确性……"，柯尔曼斯还为须䴕、滨鸟、蜂虎、鹤、鹬、佛法僧和吸蜜鹦鹉等鸟类专著绘制插画。他的艺术也为一些关于特定地区鸟类的专著增色不少，它们有《锡兰鸟类史》（1880）、《澳大利亚鸟类》（1910—1927年，死后出版）、《莱桑岛鸟类》（1893年）以及《新西兰鸟类史》（1873年）等。他主要绘制平版画，有些为黑白色。至于着色，通常是由生产线上的半熟练艺术家手工完成。虽然柯尔曼斯的作品受到高度评价，但是并不能保证其他人的着色水平都达到他的标准。

柯尔曼斯描绘过蔗地苇莺，这是一种生活在非洲西海岸佛得角群岛的棕色小鸟。他还描绘过普林西比岛上一种罕见的鹮。从他对这些鸟所做的笔记可以看出，他是一名优秀的野外观察员。

上图：约翰·杰拉德·柯尔曼斯《社会岛翡翠》，选自理查德·鲍德勒·夏普《翠鸟科专辑》（1868—1871年）。

左图：约翰·杰拉德·柯尔曼斯《兼嘴垂耳鸦》，选自W. L.布勒《新西兰鸟类史》（1887—1888年）。这种鸟现已灭绝。

第122页图：约翰·杰拉德·柯尔曼斯《蓝腹佛法僧》，选自亨利·伊尔斯·德莱塞《佛法僧科专辑》（1893年）。

第123页上图：约翰·杰拉德·柯尔曼斯《黑冠黄鹎》，选自威廉·文森特·莱格《锡兰鸟类史》（1878年）。

第123页下图：约翰·杰拉德·柯尔曼斯《莱桑岛秧鸡》，选自莱昂内尔·罗斯柴尔德《莱桑岛鸟类》（1893年）。

BLUEBELLIED ROLLER
COFACIAS CYANOGASTER

Hanhart imp

　　柯尔曼斯是唯灵论的信徒，当时，唯灵论及其伴生的降神会非常流行。在后来的生活中，他从自己在唯灵论中的亲身经历醒悟过来，利用科学知识揭露各种媒体的欺诈活动。10年后，魔术师哈里·胡迪尼也利用自己的魔术戳穿这种伪科学。

罗伯特·里奇韦
ROBERT RIDGWAY

美国人，1850—1929 年

　　罗伯特·里奇韦是一位鸟类分类学家——专门研究鸟类如何划分的鸟类学家。1880 年，他成为史密森学会美国国家博物馆鸟类馆第一位全职馆长，后来成为美国鸟类学家联合会的创始人之一。他描述的北美鸟类物种比当时其他任何一个鸟类学家都多。里奇韦还绘制了鸟类图画，与其文字材料相得益彰。

　　里奇韦在家里 10 个孩子中排行老大，父母把他们对户外活动的兴趣传给了所有孩子。父亲的鸟类知识尤其渊博，母亲给里奇韦买了几本关于动物的书，其中有奥杜邦（参见第 85 页）和威尔逊（参见第 75 页）的书。还不到四岁，里奇韦就开始练习彩色素描。

　　14 岁时，里奇韦给华盛顿特区的专利局写了一封信，信中附有一张他无法识别的鸟图画。这封信转到史密森学会助理秘书斯宾塞·富勒顿·贝尔德手中，他确认画中的鸟是紫雀。贝尔德与里奇韦取得了联系。三年后，克拉伦斯·金率领一个北纬 40° 线地理调查组，对内华达州、犹他州和爱达荷州进行实地考察，贝尔德任命里奇韦为调查组的自然学家。又过了两年，里奇韦受雇为贝尔德和托马斯·布鲁尔《北美鸟类史》一书撰写技术描述并绘制插画。

　　1874 年，里奇韦被任命为史密森尼学会的鸟类学家。到 1882 年，史密森学会收藏的鸟类标本已超过 5 万件，因此，他有很多潜在的项目可供研究。1880 年，里奇韦的《北美鸟类目录》出版，为他在鸟类学领域赢得声誉。

　　1887 年，里奇韦的《北美鸟类手册》出版，该书把每种鸟的已知信息浓缩为 642 页，配上 464 幅插画。作者显然想把这本书编成一本野外指南，但它的识别关键取决于你手中是否有一只鸟，而不是野外标记，因此，尽管书中的插画非常出色，但在野外并不实用。

　　罗伯特·里奇韦对鸟进行分类的著作是总计 11 卷、6000 页的《北美和中美洲鸟类》，由史密森尼学会于 1901—1950 年出版。这部著作的主要目的是解决鸟类命名和分类问题。在里奇韦一生中，他描述的鸟类新物种比其他任何一个鸟类学家都多。

　　在绘制鸟类肖像画以及撰写详细描述鸟类文字方面积累大量经验后，里奇韦意识到需要对颜色和颜色名称加以规范。1886 年，他的《自然学家颜色命名法须知以及鸟类学家实用知识汇编》出版。书中的 10 张图版展示 186 种颜色，成为鸟类学家遵循的标准。他在书中

上左图：罗伯特·里奇韦《栗肋绿鹃》，日期不详。原产于危地马拉和墨西哥。

上中图：罗伯特·里奇韦《杓鹬》，日期不详。这种鸟在遥远的北方繁殖。

上右图：罗伯特·里奇韦《茶色树鸭》，日期不详。

下左图：罗伯特·里奇韦《黄喉林莺）》，日期不详。

下右图：罗伯特·里奇韦《波多黎各牛雀》，日期不详。

还加入对羽毛图案的实用描述。

1912 年，他推出一本篇幅更大的书，书中包含 1115 种颜色，不仅成为自然学家遵循的标准，而且成为油漆、化学和墙纸制造商遵循的标准。面对这么多种颜色，里奇韦杜撰了一些新名词，包括龙血红和布拉德利蓝。然而，这种新的色彩技术并不十分完美，有一种颜色名为"舍勒绿"，是危险的砷铜混合物。

里奇韦 18 岁时发表第一篇论文，在接下来的 60 年里，他撰写的著作和文章约有 550 部（篇），主要涉及北美鸟类。里奇韦是一位很有才华的艺术家，名气却远没有他作为分类学家兼作家那样大。但是，他的一些绘画佳作仍然可以在几本鲜为人知的书中找到，例如内厄林的《我们声悦貌美的本土鸟类》和尼尔森的《阿拉斯加自然史调查报告》。

为了纪念里奇韦，有两种鸟俗名中含有他的名字：里氏秧鸡和里氏鹀。此外，还有五种鸟学名中也含有其名字，例如黄领夜鹰。

阿奇博尔德·索伯恩
ARCHIBALD THORBURN

苏格兰人，1860—1935 年

阿奇博尔德·索伯恩出生于爱丁堡，父亲罗伯特·索伯恩曾为维多利亚女王画过细密画。在父亲指导下，阿奇博尔德很早就对自然很着迷，学习绘制树叶、花朵以及其他自然物体。索伯恩曾在爱丁堡上学，随后就读于伦敦圣约翰伍德艺术学校。

索伯恩跟杰出的鸟类艺术家约瑟夫·沃尔夫（参见第 109 页）学画，并深受其启发。索伯恩还经常回到苏格兰，在野外研究并绘制野生动物。20 岁时，索伯恩在皇家学院举办第一次画展。两年后，他为 J．E. 哈廷的《鸟类生活素描》绘制插画，1883 年，为 W.斯威斯兰的《常见的野生鸟类》绘制插画。此后不久，他受英国鸟类学家联合会创始人之一利尔福德勋爵委托，为《不列颠群岛鸟类彩绘图集》绘制插画。421 幅插画约有一半是由约翰·杰拉德·柯尔曼斯（参见第 121 页）创作，其余 268 幅由索伯恩完成。这本书确立了他在准确性和细节方面的声誉，该书 1888 年出版后，索伯恩作品的需求量急剧增加。

伦纳德·霍华德·劳埃德·厄尔比是英国鸟类学家、军官，显然也是一个出色的射手，收集鸟类用于研究与食用。厄尔比驻扎在直布罗陀时，利尔福德勋爵鼓励他撰写《直布罗陀海峡鸟类学》，这本书于 1895 年出版，由索伯恩绘制插画。

1925 年，索伯恩的四卷本《英国鸟类》出版，他既撰写文字，又绘制水彩插画。有一篇书评指出，该书"松散凌乱"，但插画"赏心悦目"。索伯恩也画油画，但在 1900 年后，他主要画水彩画，因为他觉得水彩画更能准确地描绘羽毛的柔软性。

当代鸟类艺术家罗杰·麦克菲尔被认为是索伯恩的继任者，他钦佩索伯恩的画作，因为索伯恩给其绘画对象注入了生命。栖息地、季节、天气以及鸟类之间的互动使他的作品充满现实主义色彩。他的一些最佳作品表现出鸟在飞翔，许多画家刻意都回避这一题材，因为很难正确描绘飞鸟的翅膀姿势和羽毛位置。康沃尔郡索伯恩博物馆创始人认为，索伯恩是英国第一位把科学的精确性与"活鸟的新鲜柔软性"结合起来的艺术家。彼得·斯科特是南极探险家罗伯特·法尔肯·斯科特之子，也是英国著名的自然学家，他说，阿奇博尔德·索伯恩"在描绘鸟的羽毛纹理方面比其他任何人都出色"。

第一次世界大战结束后，出现一种新的照相复制方法，部分取代了平版画。索伯恩是第一批利用这种方法复制画作的野生动物艺术家之一。1918—1922 年，威廉·毕比的四卷本《雉

左图：阿奇博尔德·索伯恩《雀鹰》，选自索伯恩《英国鸟类（第二卷）》（第二版）（1925 年）。

上图：阿奇博尔德·索伯恩《雀及其同类》，选自索伯恩《英国鸟类》（1918 年）。

$\frac{1}{6}$

BLACK OR CINEROUS VULTURE.

Vultur monachus, *Linn.*

Litho. W. Greve, Berlin.

鸡专辑》出版，书中油画同时使用了平版和照相制版两种方法，由索伯恩、弗尔特斯等人绘制插画。这本书的一个新奇之处在于，它收录了一些雉鸡栖息地的真实照片。

阿奇博尔德·索伯恩成为国王爱德华七世和国王乔治五世的宠儿。应国王邀请，他多次随队参加狩猎活动，包括在皇家乡郊府第桑德林汉姆庄园举行的一些狩猎活动。然而，在索伯恩的后半生，他因目睹自己射杀的一只野兔发出痛苦哀号而幡然醒悟，变成一个环保主义者。1927 年，他成为英国皇家鸟类保护学会副会长。从 1930 年至去世，索伯恩一直住在萨里郡的哈斯科姆，在那里他有意避免给自家接上电，更喜欢在自然光下作画。

左上图：阿奇博尔德·索伯恩《秃鹫》，选自伦纳德·霍华德·劳埃德·厄尔比中校《直布罗陀海峡鸟类学》（1895 年）。

左下图：阿奇博尔德·索伯恩《丘鹬和雏鸟》，1933 年。

右图：阿奇博尔德·索伯恩《红额金翅雀和黄雀》，选自索伯恩《英国鸟类（第二卷）》（第二版）（1925 年）。

布鲁诺·利耶夫什
BRUNO LILJEFORS

瑞典人，1860—1939 年

布鲁诺·利耶夫什是 19 世纪末 20 世纪初最有影响力的野生动物艺术家之一，以描绘捕食者跟踪或捕杀猎物的扣人心弦场面而著称。

利耶夫什来自一个贫穷的家庭，年轻时因为才华出众而引起当地店主关注，他们捐赠美术用品以资鼓励。他最终考入斯德哥尔摩瑞典皇家美术学院。三年后，他在欧洲游历，学习画动物，尤其是鸟和猫。

利耶夫什的风格在不同时期发生不同变化。起初，他的画画面小巧，主要是受日本艺术影响，这类画作目的是表现灵性而非现实。他的另外一些画受印象派影响，例如《海滩上的天鹅》，注重捕捉某种感觉，而不在意鸟的细节。后来，他的画作格局逐渐扩大，表现出广阔、大气的自然场景。从他描绘的画面中，人们体会不到田园牧歌式的宁静，而是"红牙血爪"的生存竞争。猫捕捉苍头燕雀，猫嘴里叼着雏鸟，狐狸用鸭子给一窝幼崽喂食，他描绘的这些题材跟以往大多数鸟类画家都不同。他传达的信息似乎是，动物们生活在一个危机四伏的世界里。

上图：布鲁诺·利耶夫什《鹰和黑琴鸡》，1884年。

左图：布鲁诺·利耶夫什《冬日天鹅》，1918年。展现出利耶夫什的印象派风格。

利耶夫什是一个猎人，他偷偷靠近动物，有机会近距离观察它们，并经常把它们杀掉。画作《鹰和黑琴鸡》就是以他射杀后制成的标本为原形。像奥杜邦一样，他也用铁丝把动物按照活着时候的姿势固定住，然后画出来。他把鹰和黑琴鸡固定在灌木丛中，实际上等于画了一幅静物画。

"黑琴鸡"实际上是一种体型最大的松鸡。这种松鸡在欧亚大陆分布广泛，是一种生活在森林的陆禽，尤其受到猎人的喜爱。（在德国，猎杀"雄松鸡"的配额每个人一生中仅有一只。）雄鸟呈深灰色，胸部羽毛具有金属光泽，眼环为红色，甚是华美绚丽。春季，雄鸟们会齐聚求偶场，展示自我并放开歌喉，以吸引体型只有自己一半大小的雌鸟。与大多数欧洲其他鸟的外观和行为相比，松鸡对艺术家更具吸引力，它们被绘制在邮票、盾徽、旗帜以及其他各种各样的艺术品上。利耶夫什此类画作最成功的是大幅绘画《松鸡求偶场》（1888

年），他在这幅画中捕捉到了黎明时分森林的氛围。

利耶夫什圈养了很多动物，包括狐狸、雕、野兔、松鼠和猫头鹰等。他能够根据生的、死的以及被关的动物作画，从而为艺术创作提供了丰富的心理意象。20世纪以前，把鸟放置在自然场景中的画法很常见，但是他的画把现实主义又向前推进一步，例如描绘伪装。利耶夫什有一幅画名为《松貂攻击雌黑琴鸡的森林场景》，观众需要略花一点时间才能弄明白是怎么回事，眼前的场景才会变得鲜活起来。观众有一种身临其境的感觉，对野生动物的伪装感到惊讶。

利耶夫什的《普通楼燕》描绘两只楼燕从一片开满野花的田野上空飞过，完全可以跟今天的高速摄影作品媲美。这是数小时野外工作、标本研究和密切观察的结果。《猫和苍头燕雀》取材于活的动物和死的标本，这种情景在现实生活中极为罕见，却同样栩栩如生。

65岁时，利耶夫什获得了瑞典最负盛名的荣誉——泰辛奖。一百年后的今天，他的画作仍被认为是野生动物艺术史上最杰出的作品之一。

上图：布鲁诺·利耶夫什《雕鸮捕捉野兔》，1931年。野兔和雕鸮都利用保护色跟周围环境融为一体，因此，观众需要花几秒钟才能看出画中发生了什么事情。

下图：布鲁诺·利耶夫什《苔藓地上雄松鸡向雌性求偶》，1907年。

132页图：布鲁诺·利耶夫什《猫与苍头燕雀》，1885年。画中动物既有死的，也有活的，摄影师几乎不可能捕捉到这种情形。

Allan Brooks.

艾伦·西里尔·布鲁克斯
ALLAN CYRIL BROOKS

英国人 / 加拿大人，1869—1946 年

艾伦·布鲁克斯出生于印度，幼年受父亲影响。他父亲是一名敏锐的观鸟者，为大英博物馆收集印度鸟类标本。

大约五岁时，布鲁克斯被送到英国跟祖父母住在一起。在那里，他接受父亲的朋友约翰·汉考克指导。汉考克是一位自然学家、鸟类学家，也是"现代动物标本剥制术之父"，他培养了布鲁克斯对标本剥制术的兴趣，例如，捕食者如何用嘴撕食猎物。汉考克还是一位艺术家兼作家，编辑了托马斯·比威克的《英国鸟类史》。因此，布鲁克斯很早就对自然和艺术有所了解。

1881 年，布鲁克斯一家搬到加拿大一个农场。很多专业鸟类学家经常前来拜访艾伦的父亲威廉，艾伦从访客那里学习标本制作、收集鸟和鸟卵以及进行实地观察，并开始以农场周围的鸟为题材作画。美国鸟类学家联合会的创始人之一、鸟类学家威廉·布鲁斯特请布鲁克斯为他画一些水彩画。布鲁克斯从未上过美术课，但他研究了一些著名鸟类插画家的作品，例如约瑟夫·沃尔夫（参见第 109 页）和约翰·杰拉德·柯尔曼斯（参见第 121 页）。

布鲁克斯曾到加拿大西北部游历，在那里捕捉、观察与描绘鸟类。他与加拿大和美国一些自然学家通信，通过向收藏家和博物馆提供标本赚点钱。史密森学会鸟类馆馆长罗伯特·里奇韦（参见第 124 页）就是布鲁克斯联系到的鸟类学家之一，他帮助布鲁克斯鉴别其送来的鸟类。然而，标本收集并不是很赚钱，因此，1897 年，布鲁克斯开始向一些小型期刊出售鸟类的素描和文章。

1906 年，鸟类学家威廉·道森跟布鲁克斯取得联系，请他为《华盛顿州鸟类》绘制插画。这本书于 1909 年出版，收录鸟、鸟巢、鸟卵以及栖息地的照片、素描和黑白插画，并附有文字说明。

作为一名出色的枪手，布鲁克斯 45 岁时离开加拿大，奔赴英国参加第一次世界大战。他被提升为少校并荣获杰出服务勋章，但从未停止过画鸟。战后，他返回加拿大，并找到继续作画的工作：他为佛罗伦斯·贝利的《新墨西哥州鸟类》绘制一系列插画，1923 年为道森的《加利福尼亚州鸟类》绘制插画，1926 年、1934 年分别为珀西·塔文纳的《加拿大西部鸟类》和《加拿大鸟类》绘制插画。1934 年，布鲁克斯携妻子玛乔丽开启了一场观鸟与写生的世界旅行。

上图：艾伦·西里尔·布鲁克斯《印度斑嘴鸭、澳大利亚鸭、斑嘴鸭和菲律宾绿头鸭》，选自约翰·C. 菲利普斯《鸭子自然史》（1922—1926 年）。

左图：艾伦·西里尔·布鲁克斯《湖边栖息的各种鹮》，1932 年。画中描绘的有白鹮、红鹮和白脸彩鹮。

Allan Brooks

　　1920 年，艾伦·布鲁克斯在美国鸟类学家联合会的一次会议上遇到路易斯·阿加西斯·福尔特斯（参见第 138 页）。他们成为朋友，布鲁克斯在福尔特斯的工作室待了一个月，一起为约翰·C.菲利普斯的《鸭子自然史》绘制插画。两人尽量使画风趋同，但依然存在很大区别。福尔特斯为科学作品绘制插画，画中的鸟在细节上栩栩如生，但这些画几乎没有背景。布鲁克斯的作品添加了背景和前景（尤其是山脉和天空），注重体现鸟的本质，而不在意细节。布鲁克斯与福尔特斯不同，他在经济上拮据，部分原因在于他不得不满足出版商的要求，而这些要求与鸟类插画的要求往往并不一致。某些情况下，他不得不在一页纸上画出太多的鸟，从而干扰了整幅画的构图。

　　尽管各大博物馆都给布鲁克斯提供工作机会，但他更愿意做一名自由艺术家。他收藏的鸟类标本和鸟卵本身就构成一个小博物馆，也是他的图书馆和资料室。所有标本上的标签都标注重要信息。他对这些细节始终坚持如一，甚至还发表了一篇论述其重要性的文章。

路易斯·阿加西斯·福尔特斯
LOUIS AGASSIZ FUERTES

波多黎各裔美国人，1874—1927 年

路易斯·阿加西斯·福尔特斯是奥杜邦（参见第 85 页）以后最多产的美国鸟类艺术家，其名字来源于比他早几十年出生的瑞士裔美国生物学家兼地质学家路易斯·阿加西斯。福尔特斯的父亲是纽约康奈尔大学（该校有一个著名的鸟类学项目）天文学家兼工程师。福尔特斯在康奈尔大学所在地伊萨卡长大，并从这所大学毕业。

小时候，福尔特斯就崇拜奥杜邦，对鸟类产生了兴趣，可惜的是，这其中包括用弹弓射杀它们。他研究鸟的形状、羽毛和习性，并开始比照它们作画。14 岁时，他画了第一只鸟——红交嘴雀。17 岁时，他成为美国鸟类学家联合会最年轻的准会员。今天，福尔特斯画的大海雀依然出现在美国鸟类学家联合会会刊《海雀》封面。

1892 年，他随父母一起去欧洲旅行，在巴黎画鸟及其他动物。他在苏黎世上了一年学，然后回到康奈尔大学学习建筑。上大学期间，福尔特斯与著名的鸟类学家艾略特·库埃斯相遇，受到他的支持与鼓励。后来，福尔特斯在阿伯特·塞耶手下当学徒，塞耶是一位艺术家兼自然学家，以创作天使画而闻名。他和塞耶都对鸟类十分着迷，并交换研究用的标本。塞耶向福尔特斯介绍"反荫蔽"的概念，也就是说，动物身体上部的颜色较深，下部颜色较浅，在光线从上方照射情况下全身颜色变得均匀而不醒目。福尔特斯把这一特征铭记于心，并在一些关于鸟（例如白眉食虫莺）的画作中加以应用。福尔特斯曾花几周时间指导一个名叫乔治·萨顿的年轻艺术家，他通过书信向萨顿传授如何在画中描绘反荫蔽。

美国生物调查局局长克林顿·哈特·梅里厄姆挑选福尔提斯参加 1899 年的哈里曼阿拉斯加探险队。爱德华·哈里曼是一个富有的铁路大王，他出资并率领一支由画家、科学家、摄影师和自然学家组成的探险队，去往从西雅图到希伯利亚的阿拉斯加海岸探险。探险队成员主要有：约翰·缪尔，塞拉俱乐部创始人；乔治·伯德·格林内尔，人类学家兼自然学家，奥杜邦学会的创始人之一；罗伯特·里奇韦（参见第 124 页），美国国家博物馆鸟类馆馆长。这次探险给年轻的福尔特斯提供了一个难得的机会，使他能够踏上世界一个全新的地方，并与那些影响力强、经验丰富的人相识。福尔提斯热情、随和，深受探险队成员喜爱。在两个月时间里，他的行程超过 4000 英里（6440 千米），收集的标本超过 100 个，返回时带回大量铅笔素描和水彩画。

上图：路易斯·阿加西斯·福尔特斯《红交嘴雀》，1903 年。他 14 岁时第一次画过这种鸟，这幅画是他后期的作品。

右图：路易斯·阿加西斯·福尔特斯《旅鸽和哀鸽》，1920—1927 年。

Louis Agassiz Fuertes

L.G.Fuertes

1901 年，福尔特斯来到得克萨斯州西南部。在这次为期四个月的旅行中，福尔特斯的绘画逐渐形成一种风格，这也是他许多作品的特色：鸟是画作的中心焦点，背景只是作为补充。伯劳画就是一个典型例子，两对伯劳栖息在一根细细的荆棘枝上，在画面中心构成一个"X"形。

奥杜邦去世 50 年后，福尔特斯才开始自己的职业生涯，在这些年大部分时间里，美国缺乏高质量的鸟类绘画。福尔特斯野外经验丰富，又善于使用新捕捉到动物制成的标本，使其画作看上去栩栩如生，19 世纪 90 年代以后，他的作品需求量大增。福尔特斯能够再现鸟类真实和亲昵的姿势，跟它们在现实环境中一样。他还在画作中传达出科学信息，例如，弯嘴滨鹬用一条腿站立，以节省身体热能。

上图：路易斯·阿加西斯·福尔特斯《一对赤膀鸭》，1915 年。

第 141 页左图：路易斯·阿加西斯·福尔特斯《一对黑丝鹟》，1914 年。

第 141 页右图：《靛翅鹦鹉》，作者不详，约 1900 年。这种鸟以路易斯·阿加西斯·福尔特斯的名字命名。

　　福尔特斯到过美国大部分地区以及几十个国家。他为 35 本鸟类图书以及 60 份刊物（例如《国家地理》）绘制全部或部分插画，面向的读者群体既有专业人员，也有普通大众。20 世纪 20 年代和 30 年代，他把自己绘制的一系列鸟类卡片，通过 "臂和锤"（Arm & Hammer）（翻译说明：网上也译为艾禾美，但没有官方译本。）牌盒装小苏打附赠给消费者，为保护自然尽一分力。

　　福尔特斯的早期画作构成《公民鸟类》（1897 年）的基石，该书由鸟类学家艾略特·库埃斯和自然作家梅布尔·奥斯古德·赖特共同创作，福尔特斯提供 111 幅插画。这本书是年轻人必读的经典之作，它把科学、美学和伦理学有机结合起来，向广大民众普及鸟类学常识，鼓励他们支持 20 世纪初的自然保护运动。

　　为了纪念福尔特斯，有一种鹦鹉以他的名字命名——福尔特斯鹦鹉（靛翅鹦鹉）。这种鸟曾被认为已经灭绝，2002 年又重新发现。

C.G.Finch-Davies.
1 - 10 - 19.

FLEMISH BAROQUE ARTISTS 1580—1700

EARLY ENGLISH ARTISTS 1626—1716

NATURAL HISTORY 1680—1806

BEFORE ECOLOGY

EARLY SCIENTIFIC ILLUSTRATION

IN THE AGE OF DARWIN

ART AND SCIENCE OVERLAP

BROADER APPEAL VIII
更广泛的吸引力

BIRD ART SUPPORTS BIRDS

ORNITHOLOGICAL ART EXPANDS

鸟 类 博 物 志

18 世纪晚期以前，人们对鸟类的兴趣主要是，把它们用作食物或用作绘画中的装饰元素。维多利亚时代伊始，鸟类成为认真研究的对象。探险活动达到新的高度，从南方几个大陆带回到欧洲的标本激发了公众浓厚的兴趣。收集鸟卵和制作标本、圈养鸟类以及购买鸟类画作，这些现象蔚然成风。一些自然学家和艺术家在野外进行研究和艺术创造，正如克劳德·吉布尼·芬奇－戴维斯在南部非洲所做的那样。鸟类艺术家也开始把绘画技巧和科学知识结合起来，创作的作品从技术和观察角度而言都极为准确。

1904 年，市面上出现一种用于拍摄野生动物的"鸟地"（Bird-land）牌相机。1912 年，第一届鸟类摄影博览会在伦敦举办。当时，观鸟者、艺术家和自然学家已经能够把野外拍摄的鸟类照片带回家。给鸟腿佩戴环志在 20 世纪早期也变得流行起来，因此，研究人员活捉鸟类，而不再是射杀。人们对鸟类的态度也在改变，观察活鸟开始取代把鸟制成标本收藏。19 世纪末，第一部保护鸟类和鸟类栖息地的法律获得通过。1916 年，美国为履行与英国（代表加拿大）签订的关于保护候鸟公约，颁布了《1918 年候鸟条约法》。1979 年，欧共体（欧盟前身）首次通过《鸟类保护指令》，旨在保护欧洲鸟类和鸟类栖息地。

鸟类学家开始把鸟类知识分享给更广泛的读者。美国第一本鸟类野外指南是佛罗伦斯·贝利的《利用望远镜观鸟》（1889 年）。1905 年，切斯特·艾伯特·里德出版一本鸟类识别书，销量达 60 万册。当然，地方性的鸟类指南也有很多，例如 1883 年出版的《（苏格兰）熟悉的野生鸟类》，该书插画由阿奇博尔德·索伯恩（参见第 127 页）绘制。1923 年，拉德洛·格里斯科姆的《纽约市区鸟类》出版。1931 年，内维尔·威廉·凯利（参见第 157 页）写了《那是什么鸟？》，这是一本广受欢迎的澳大利亚鸟类指南。1934 年，罗杰·托里·彼得森（参见第 168 页）的《（美国东部）鸟类野外指南》出版，这本书以及后续版本和衍生版本可以说已经成为全世界所有自然史野外指南的典范。

野外指南既是公众热爱鸟类和鸟类艺术的结果，反过来也是激发他们热情的动力。近两个世纪前奥杜邦创作的《美洲鸟类》，现在仍然深受追捧。今天，凯利的澳大利亚鸟类指南仍然引发公众浓厚的兴趣，它在首次印刷近 100 年后甚至被数字化。观鸟者热衷于收藏任

第142页图：克劳德·吉布尼·芬奇－戴维斯《白鹈鹕》，1918 年。选自他的非洲鸟类写生簿。

第144-145页图：罗杰·托里·彼得森《安第斯山脉的秘鲁红鹳》，日期不详。

右图：莉莲·玛格丽特·梅德兰《冠小嘴乌鸦》，1906—1911.

PLATE CI

½ scale

何与鸟相关的艺术品，例如绘画、海报、雕塑以及各种描绘这些迷人生物的装饰物。我们从彼得森的职业生涯可以看出，插画以及其他鸟类艺术形式也引起了公众对环境问题的广泛关注。

克劳德·吉布尼·芬奇－戴维斯
CLAUDE GIBNEY FINCH-DAVIES

英国人／南非人，1875—1920年

克劳德·吉布尼·戴维斯出生于印度，但六岁时被送到英国接受"良好的教育"。即使在那里，他对鸟类的兴趣依然不减，并把画寄给他在印度的姐姐。

18岁时，戴维斯前往南非，应征入伍，并一直留在那里。军旅生涯使他有机会踏遍非洲大多数地方，并在旅途中打鸟与画鸟。他详细记录了每一只被射杀的鸟，包括它们吃起来的味道。

戴维斯与艾琳·芬奇结了婚。"芬奇"这个名字似乎跟他对鸟的兴趣很般配（译注：芬奇英语为Finch，原意为"雀"），因此，他自称"芬奇－戴维斯"（另一种解释是，女方家人迫使他这样做）。

到过更多地方、绘制更多画作、阅读更加广泛，使他的绘画技能日益精进。到1905年为止，他已经完成10卷200多幅高质量的画作，赢得国际声誉。他为科学期刊撰稿，并且是南非鸟类学家联合会创始人之一。他绘制许多水禽和猎禽，最终，南非一半的鸟类都被他画过。在事业巅峰期，他是南部非洲最优秀的鸟类艺术家。他的鸟类画被印在南非一系列邮票上。

芬奇－戴维斯到过的地方越多，就被越多的猛禽迷住。1911年以前，他把大部分艺术作品奉献给了它们，最终，他把南部非洲当时已知的猛禽全都画完。自那至今，被发现的猛禽新物种只有8个。他在与A. C. 坎普合著的《南部非洲猛禽》一书中，阐明了红头隼的识别特征。他还发表了一些阐明猛禽之间关系的论文。1912年，他与博伊德·霍斯布鲁少校合著的《南非猎禽和水禽》出版。第一次世界大战爆发后，芬奇－戴维斯被派往德属西南非洲（纳米比亚），在那里，战友们把射杀的鸟带给他。

在与比勒陀利亚德兰士瓦博物馆鸟类和哺乳动物馆馆长奥斯丁·罗伯茨进行过长期通信后，芬奇－戴维斯开始在博物馆的图书馆逗留一段时间。遗憾的是，博物馆人员最终发现，他从借阅的书刊中偷偷撕下230张图版的插画。芬奇－戴维斯原先存放在博物馆的画作被扣押，直到他肯支付更换受损书籍的费用后才准予归还。没过多久，开普敦南非博物馆馆长发现，该馆的书刊中也有130张图版的插画丢失。芬奇－戴维斯声名狼藉，变得郁郁寡欢，45岁时去世。

上图：克劳德·吉布尼·芬奇－
戴维斯《银颊噪犀鸟》，1940年。

右图：克劳德·吉布尼·芬奇－
戴维斯，《小红鹳》，1919年。
选自他的非洲鸟类速写簿。

C.G.Finch-Davies.
21-12-1919.

OLIVE PIGEON (COLUMBA ARQUATRIX) Male.

SWAINSON'S FRANCOLIN (PTERNISTES SWAINSONI) Male.

HIERAAETUS AYRESI

上左图：克劳德·吉布尼·芬奇－
戴维斯《黄眼鸽》，选自博伊
德·霍斯布鲁少校《南非猎禽
和水禽》。

上中图：克劳德·吉布尼·芬
奇－戴维斯《斯氏彩鹧鸪》，
选自博伊德·霍斯布鲁少校《南
非猎禽和水禽》（1912）年。

上右图：克劳德·吉布尼·芬奇－
戴维斯《艾氏隼雕》，1919年。

右图：克劳德·吉布尼·芬奇－
戴维斯《非洲钳嘴鹳》，1918年。

　　芬奇－戴维斯去世20年后，奥斯丁·罗伯茨决定出版芬奇－戴维斯的《南非鸟类》，该书需要在56张图版上绘制1032幅插画。芬奇－戴维斯的画作被交给艺术家诺曼·莱顿，由他制作图版。莱顿制作的插画质量很高，遗憾的是，他在一些细节上有所更改。尽管芬奇－戴维斯损毁书刊的行为备受争议，但在他去世近一个世纪后的今天，依然有很多研究人员引用他的作品。

LiliaN MedlanD.

莉莲·玛格丽特·梅德兰

LILIAN MARGUERITE MEDLAND

英国人 / 澳大利亚人，1880—1955 年

莉莲·梅德兰是一位护士兼鸟类书籍插画家。她出生于伦敦，在家接受家庭女教师的教育。她喜欢在户外画画，也喜欢照顾动物，在自己的房间养过一只啄木鸟。16 岁时，她离开家，在伦敦盖伊医院接受护士培训。她还尝试画细密画。

查尔斯·斯通汉姆是盖伊医院一名高级外科医生，同时也是一位鸟类学家。1906 年，梅德兰开始与斯通汉姆合作，为他的《不列颠群岛鸟类》绘制 318 张图版。她由于以前没有干过专业艺术家的工作，所以在伦敦动物园花了很多时间。

1911 年，她应邀为威廉·亚雷尔《英国鸟类史》修订版绘制插画。尽管这项工作没有完工，但是在 1972 年，人们发现她为此创作的 248 幅画作都保存完好。

1923 年，梅德兰移居澳大利亚。她为澳大利亚博物馆绘制了 30 个物种的鸟，1925 年作为明信片发行，很受欢迎。《布里斯班信使邮报》评价说，"每一张明信片都标志着彩色插画的胜利，肯定会引起公众广泛关注，而且绝不会局限于澳大利亚。"1933 年，她画的绯红摄蜜鸟出现在《澳大利亚博物馆杂志》（10—12 月卷）封面上。

20 世纪 30 年代，她为格雷戈里·马修斯的 12 卷本《澳大利亚鸟类》制作 53 张图版，绘有 883 只澳大利亚的鸟。这本书跟约翰·古尔德和伊丽莎白·古尔德（参见第 94 页）的著作一样，侧重于分类学，书中包含对鸟的属、种、亚种的长篇描述和讨论，比古尔德夫妇更准确、更详细，尽管其中有一些鸟类名称和描述存在争议。《海雀》杂志 1927 年一篇书评认为，梅德兰的插画远不如古尔德夫妇的好。然而，根据新南威尔士皇家动物学会的说法，她画的"每只鸟……从科学角度而言极其精确，是其他鸟类艺术家所无法比拟的"。该学会认为，她为这本书绘制的插画非常好，即使业余爱好者也能利用它们辨识各种鸟。梅德兰还为丈夫汤姆·艾代尔的书《极乐鸟和园丁鸟》（1950 年）和《新几内亚的鸟》（1956 年）创作图版。

马修斯和梅德兰的澳大利亚鸟类手册没有完工，也许是因为受到内维尔·威廉·凯利的澳大利亚鸟类指南《那是什么鸟？》的激烈竞争。梅德兰在为鸟类手册绘制插画时，像今天通用的做法一样，把相关的鸟放在一起，而凯利的书则根据栖息地对鸟进行分类。这两位艺术家的作品都缺乏深度，显得有些单调。梅德兰在社交场合很少抛头露面，部分原因在于 1907 年她患上白喉后失去了听力。1955 年，她在昆斯克利夫的家中因癌症去世。2014 年，一本关于梅德兰的传记《看得见，却听不见》出版，书中收录了她为马修斯创作但未出版的 53 张图版画作。

上图：莉莲·玛格丽特·梅德兰《大苍鹭》，日期不详。

下图：莉莲·玛格丽特·梅德兰《凤头百灵》，日期不详。

左图：莉莲·玛格丽特·梅德兰《蜜雀、鸫及其他鸟》，约 1934 年。这幅插画是她为一本关于新西兰鸟类的书（未出版）绘制。

第154页图：莉莲·玛格丽特·梅
德兰《鹦鹉》，1930—1939年。
这幅插画是她为格雷戈里·马
修斯一本关于澳大利亚鸟类的
书（未出版）绘制。

左图：莉莲·玛格丽特·梅德兰
《豪勋爵岛海燕》，约1930年。

上图：莉莲·玛格丽特·梅德
兰《三趾鹬》，1909年。

内维尔·威廉·凯利
NEVILLE WILLIAM CAYLEY

澳大利亚人，1886—1950 年

内维尔·亨利·彭尼斯顿·凯利（1853—1903 年）擅长画猎禽、喜鹊、细尾鹩莺，据说还画过 1500 幅笑翠鸟，以此闻名。他想编写一本关于澳大利亚所有鸟类的书，让普通读者都能买得起，不像 50 年前约翰·古尔德和伊丽莎白·古尔德夫妇出版的书那样昂贵。他的《澳大利亚鸟类》于 1894—1895 年出版，但并不成功。

他的儿子内维尔·威廉·凯利比他更出名。一开始，凯利正如从父亲那里学到的一样，仅仅满足于画一些赏心悦目的鸟类画，但是，随着绘画技巧日渐熟练，他的画作变得更有技术含量。

内维尔·威廉·凯利出生于新南威尔士州，19 世纪 90 年代随父母搬到悉尼。1918 年，他发表了第一部作品：一本名为《我们的鸟》的小册子，含有七只鸟和一页文字。随后，他又推出《我们的花》（1920 年）和《细尾鹩莺的故事》（1926 年）。接下来，他开始为《澳大利亚百科全书》绘制鸟卵插画。随着鸟类学知识逐步增强，他的作品变得更加严肃、专业。

1931 年为完成父亲的遗愿，凯利的《那是什么鸟？》出版，该书采用水彩画描绘澳大利亚的每一种鸟，36 张图版绘有近 800 个物种。这是第一本内容全面的澳大利亚鸟类野外指南。这本八开的书大小为 9.56 英寸（约 24.28w 厘米），取得极大成功，20 世纪 60 年代以前多次重印。鸟类学家特伦斯·林赛修订的版本定期更新，最新版出版于 2016 年，这次更新收录了大约 100 个鸟类新物种，合计 430 张图版，附有每种鸟的活动范围图和每处栖息地的描述。这本书和当今的指南类书籍唯一的主要区别在于，它是根据鸟的栖息地分类，而不是根据鸟之间的进化关系分类。2018 年，这本书还推出了电子版，包含 832 页彩页、769 只鸟和 101 段鸟鸣音频。

凯利的其他主要著作有《澳大利亚丛林和鸟舍的雀类》《丛林和鸟舍的虎皮鹦鹉》《澳大利亚田野和鸟舍的鹦鹉》和《澳大利亚的细尾鹩莺》。他对自己所描述物种的"科学数据进行了细致全面的总结"，因而备受称赞。他还计划创作一部"鸟类大全"式的鸿篇巨制，

上图：内维尔·亨利·彭尼斯顿·凯利《笑翠鸟》，1892 年。

左图：内维尔·威廉·凯利《丽色掩鼻风鸟》，选自他的《那是什么鸟？》（1931 年）。

鸟 类 博 物 志

对澳大利亚所有已知鸟类的物种、亚种、羽毛和鸟卵进行描绘。这本书的大部分插画已经完成，但在成书之前，凯利不幸去世。特伦斯·林赛接手这个项目，把它跟《那是什么鸟？》融合起来。

凯利曾担任新南威尔士皇家动物学会会长和皇家澳大利亚鸟类学家联合会会长。他还在澳大利亚期刊《鸸鹋》和《鸸鹋——澳大利亚鸟类学》上发表过多篇关于野生鸟类以及某些圈养鸟类的科学论义。

左图：内维尔·威廉·凯利《丝刺莺》，选自《那是什么鸟？》。图中左上：巨嘴丝刺莺；左下：黄喉丝刺莺；右：白眉丝刺莺。

上图：内维尔·威廉·凯利《澳大利亚鹈鹕》，选自《那是什么鸟？》。

下图：内维尔·威廉·凯利《黑颈鹳》，选自《那是什么鸟？》。

杰西·阿姆斯·波特克
JESSIE ARMS BOTKE

美国人，1883—1971年

　　杰西·阿姆斯·波特克出生于伊利诺伊州芝加哥，1897—1898年和1902—1905年就读于芝加哥艺术学院。1909年，她去往欧洲旅行。回到芝加哥后，她把自己的职业定位为"艺术家、室内设计师"。

　　1911年，她搬到纽约，在那里成为织锦卡通画专家（这里的"卡通"来源于意大利语"cartone"，是指用来绘制壁画、织锦草图的大张纸）。作为艾伯特·赫特的学生，波特克在赫特织布厂工作到1915年。有一次，赫特让手下的艺术家们为女演员碧莉·伯克（因在1939年电影《绿野仙踪》中饰演好女巫葛琳达而出名）位于纽约哈得孙河畔黑斯廷斯家中的餐厅创作一幅孔雀壁画。为完成这项任务，波特克仔细研究了布朗克斯动物园的孔雀，多次光顾使她对画鸟产生了兴趣。

　　1913年，她前往圣弗朗西斯科，与赫特一起为圣弗朗西斯酒店创作壁画。1914年返回芝加哥后，她与荷兰艺术家科尼利厄斯·波特克相识，并于次年结婚。1919年，波特克夫妇搬到加利福尼亚州海边的卡梅尔，在当地艺术圈成为很有影响力的人物。1927年，他们搬到南加利福尼亚州，在那里度过余生。

　　波克特画的鸟奇特瑰丽，极具装饰性，例如鹤、天鹅、鹅、红鹳、巨嘴鸟，还有很多凤头鹦鹉和白孔雀。这些鸟所处的环境显得比较自然，周围的背景或前景通常利用精美细腻的花朵或绿色植物衬托，植物的叶子多为金色或银色。她从事木刻、水粉、水彩和油画创作，并为学校、餐馆、酒店和洛杉矶的艾·马格宁（I. Magnin）百货商店设计、绘制壁画。

　　波克特带有金叶（波克特画作的标志特征）的《白孔雀和木兰》使人想起早期荷兰艺术家，他们通常把天鹅、鹅或孔雀等白色大鸟作为画作重点表现对象。《白孔雀和葵花凤头鹦鹉》使人联想到雅各布·波格丹尼的作品。在她的很多作品中，白鹭、鹤或孔雀等显得格外突出，画面其余部分则被茂盛的植被占据，这些鸟画得栩栩如生，植被则略逊一筹。例如，《丹顶鹤》是一幅用油彩和金箔在纤维板上绘制的画，丹顶鹤站立的水面具有印象派风格。波特克和几十年后珍妮特·特纳（参见第176页）的作品几乎不留空白，都喜欢把画面填得满满当当，到了近乎抽象的地步。虽然两人职业生涯大部分时间都在加利福尼亚州度过，但没有确凿证据表明特纳是受波特克影响。

上图：杰西·阿姆斯·波特克《白鹭》，1930年。

右图：杰西·阿姆斯·波特克《白孔雀和葵花凤头鹦鹉》，日期不详。

上左图：杰西·阿姆斯·波特
克《热带河流中的仙鹤（丹顶
鹤）》，日期不详。

上右图：杰西·阿姆斯·波特克
《白孔雀和木兰》，日期不详。

第 162 页：杰西·阿姆斯·波
特克《丹顶鹤》，日期不详。

波特克是芝加哥艺术家学会、加利福尼亚州艺术俱乐部、加利福尼亚州水彩画协会、美
国水彩画学会以及西部艺术基金会会员。她的作品赢得无数奖项，包括芝加哥艺术学院颁发
的杰出奖。

毛琳·圣·高登斯在《走出阴影》（2015 年）一书中选取了 1860—1960 年期间在加
利福尼亚州工作过的 320 位女性艺术家。这些艺术家之所以入选，既是因为她们艺术成就非
凡，也是因为她们在促进加利福尼亚州艺术文化方面贡献突出。对书中介绍的许多艺术家而
言，她们一生中尽管获得赞誉或殊荣，却鲜为世人所知，杰西·阿姆斯·波特克当然也不例外。

埃里克·恩尼昂
ERIC ENNION

英国人，1900—1981 年

埃里克·恩尼昂是一名英国乡村医生的儿子，在剑桥附近长大，从小就在那里探索乡村和野生动物。小时候，他对鸟十分着迷，就从书本上临摹。他还把麻雀捕来并交给当地农民，以赚点赏钱。

在学习如何狩猎和射击过程中，他的跟踪和观察技能得到提高。埃里克向父亲表示自己想以画鸟为职业，父亲便带他去拜访阿奇博尔德·索伯恩（参见第 127 页）。索伯恩建议埃里克应该追随父亲的脚步，于是，他到剑桥大学攻读医学学位，后随父亲一起行医。不久，父亲去世，他子承父业。

恩尼昂从未失去对绘画的兴趣。他在巡诊时会观察鸟，并把它们画下来。与大多数艺术家先在实地快速画出草图、然后再填充细节不同，恩尼昂在实地利用钢笔、铅笔甚至水彩对着活鸟详细描绘出来。如果手头没有其他东西可用，他会在信封或餐巾上快速画出草图。他从杂志上搜集了大量的素描和插画。他还制作鸟类标本并解剖死鸟，从而对它们的身体构造非常了解。

1914 年，恩尼昂撰写《动物世界——攻击和防御》一书，并配制插画。1942 年，他又创作《冒险家沼泽》。1943 年，他的《英国的鸟》出版，含有 15 张整页图版和 50 幅线条画。他总计创作了 11 本书，并为它们配制插画。第二次世界大战结束时，恩尼昂卖掉了自己的诊所，在萨福克郡弗拉特福德磨坊野外研究中心担任主任。1950 年，他和妻子在诺森伯兰郡建立一个野外中心和鸟类观测站，在那里对鸟进行观测并为它们佩戴环志，另外还教授艺术。后来，他前往荷兰、冰岛、瑞典和加那利群岛探索。1961 年，他和妻子再次南迁，搬到威尔特郡。

1964 年，恩尼昂与他人共同创立了野生动物艺术家学会。1966 年，在牛津召开的第 14 届国际鸟类学大会上，他组织了一场英国鸟类画展。20 世纪 70 年代，他继续从事教学、举办展览并著书立说，直至 1981 年去世。

左图：埃里克·恩尼昂《鸟》，选自理查德·莫尔斯《池塘和溪流中的生命》（1943 年）。

上图：埃里克·恩尼昂《文须雀》，1950 年。

上图：埃里克·恩尼昂《冬季洪泛区的鸟群》，选自他的《凤头麦鸡》（1949年）。埃里克·恩尼昂写道："二月，这群凤头麦鸡看似疯狂，实则有因……现在，它们都在表达自己的愿望，由此彰显内心已经成熟……难怪场面看上去令人感到困惑！"

右图：埃里克·恩尼昂《鸭子》，选自莫尔斯的《池塘与溪流中的生命》。

恩尼昂被普遍认为是20世纪最具影响力的鸟类艺术家之一。他画的鸟不是特别逼真，通常很粗糙，但它们个性鲜明。《鸟类》杂志前编辑罗伯特·休姆说，恩尼昂把"气姿"画得很完美。"气姿"是观鸟者杜撰的一个词，意指根据鸟的形状、姿势、大小、颜色、动作、声音、栖息地以及位置获得的总体印象或观感。（"气姿"一词最初为"giss"，意指观鸟者对鸟大小和形状的总体印象，但后来不知为何演变成了现在的"jizz"。）恩尼昂希望，人们看到他的插画时，能够从中体察到鸟充满活力的气势和姿态。

同为野生动物艺术家的约翰·巴斯比经常拜访恩尼昂，在恩尼昂的帮助和鼓励下，他也成为艺术大师。巴斯比为恩尼昂写了一本传记《埃里克·恩尼昂活灵活现的鸟》，他在书中写道，"我估计，没有哪一位动物或鸟类画家能够像他一样，花那么长时间用于观察。"他评论说，许多艺术家都认为恩尼昂是"值得效仿的最好榜样"。

罗杰·托里·彼得森
ROGER TORY PETERSON

美国人，1908—1996 年

　　罗杰·托里·彼得森是鸟类学家、艺术家、作家兼摄影师，可谓是一个传奇人物。彼得森出生于纽约的詹姆斯敦，12 岁时加入一个奥杜邦俱乐部。他常常天刚亮就起床，一边送报一边观察鸟类。七年级时，老师在班里发了一只冠蓝鸦的轮廓图，让学生给鸟涂上颜色。彼得森后来说，给这只鸟涂色，使他坚信自己将来会成为鸟类画家。

　　1925 年高中毕业后，他第一次参加美国鸟类学家联合会会议，遇到心目中的偶像路易斯·阿加西斯·福尔特斯。彼得森在纽约学习艺术课程，毕业后，他在一些夏令营里教授艺术和自然史，后来，他在一所著名的男校找到一份全职教师工作。

　　彼得森对当时的鸟类指南很不满意，决定自己撰写一本。他的书稿把鸟类的最重要识别

下图：罗杰·托里·彼得森《企鹅》，日期不详。

第 169 页左图：罗杰·托里·彼得森《两只鸳鸯》，日期不详

第 169 页右图：罗杰·托里·彼得森《黑枕威森莺》，日期不详

特征（现称"野外标记"）用图片予以展示，并用文字加以描述。彼得森被几家出版社拒绝后，霍顿米夫林出版社决定赌一把，《（美国东部）鸟类野外指南》于1934年出版，2000册很快就销售一空。1941年，该公司又加推一个西部鸟类版本。今天的"彼得森野外指南"丛书包括几十本野外指南，由不同作者创作，内容涵盖贝壳、蜥蜴、鱼、岩石以及鸟等。

彼得森的指南并非最先面世。早在1889年，佛罗伦斯·梅里厄姆《利用望远镜观鸟》就已出版，1902年，她又推出《美国西部鸟类手册》，署名为她的婚后姓名佛罗伦斯·梅里厄姆·贝利。然而，这本书近500页，收录路易斯·阿加西斯·福尔特斯（参见第138页）制作的33张整页图版、罗伯特·里奇韦（参见第124页）绘制的插画以及600幅未着色的木版画，既大又沉，不便于野外携带。另外，书中插画（包括鸟类标本的照片）还有很多需要改进的地方。相比之下，拉尔夫·霍夫曼《新英格兰和纽约东部鸟类指南》（1904年）的做法跟当今野外指南一样，对鸟类的野外标记、栖息地和行为进行描述。

彼得森除了著书之外，还为《生活》杂志绘制插画并撰写文章，用通俗易懂的语言向普

左图：罗杰·托里·彼得森《啄木鸟》，日期不详。

上左图：罗杰·托里·彼得森《拟椋鸟》，日期不详。

上右图：罗杰·托里·彼得森《唐纳雀》，日期不详。

通读者介绍鸟类科学知识。1943 年，他应征加入美国陆军航空兵团，利用自己的鸟类野外指南经验创作了一本飞机观鸟手册。1948 年，他撰写《美国上空的鸟类》一书，1950 年获得约翰·巴勒斯奖，这是他荣获众多自然作品类文学奖中的第一个。1954 年，他与人合著《英国和欧洲鸟类野外指南》并绘制插画。彼得森还创作过一些内容更广泛的书，例如《彩绘野生动物》《美国野生动物》和《鸟类》，并与詹姆斯·费舍尔合著《鸟类世界》。

彼得森身为艺术家兼自然学家，敏锐地意识到环境保护的重要性，力劝人们保护鸟类免受滴滴涕、污染和栖息地破坏等问题的影响。作为世界野生动物基金会创始人，他因环保工作突出而获得无数嘉奖，其中包括美国鸟类学家联合会布鲁斯特奖、纽约动物学会金奖和总统自由勋章。彼得森也是一名摄影师，但绘画工作并没有中断。

彼得森的艺术作品在民众中广为传播，使他们意识到保护鸟类的重要性。美国生物学家保罗·R. 埃尔利希注意到彼得森对环境保护所做的贡献，他写道："本世纪，在拉近人与动物的关系方面，没有谁比现代野外指南的发明者罗杰·托里·彼得森做得更多。"

BIRD ART SUPPORTS BIRDS

IX

鸟类艺术对鸟类的保护

第172页图：珍妮特·特纳《珠鸡》，1950年。特纳全画幅构图的范例。

上图：凯斯·沙克尔顿《激浪中的野天鹅》，1949年。

右图：亚瑟·B.辛格，各种海鸟插画，日期不详。

1962年，美国环保主义者蕾切尔·卡森撰写的《寂静的春天》出版，使公众充分意识到杀虫剂的危害，有力促进了环保运动。美国褐鹈鹕、游隼和白头雕以及英国游隼和雀鹰数量减少，是有毒化学物质对环境造成破坏的最明显迹象。鸟类成为环保运动的象征，在很大程度上，今天依然如此。鸟类艺术家通过创作有吸引力或有趣的鸟类图片，鼓励公众亲近自然，为保护环境发挥自己的作用。

阿瑟·辛格为很多大众读物绘制过插画，例如《蜂鸟的生活》，跟他为《北美鸟类野外指南（黄金版）》绘制的插画一样，都在读者中产生了意义深远的影响。《北美鸟类野外指南（黄金版）》是一本广受欢迎的鸟类指南，它往往能把一个随手翻阅者变成专业观鸟人士。

加拿大詹姆斯·兰斯顿和澳大利亚威廉·库珀分别为各自半球的业余自然学家绘制插画。凯斯·沙克尔顿的绘画素材主要来源于他的极地之旅，向我们传达南北两极寒冷、荒凉世界的信息。

珍妮特·特纳的版画清晰可辨，也很逼真，但并非写实。她利用绘画这种工具创造某种情景，向观众传达不同的信息。她不是把一只鸟或一群鸟当作被描绘的对象，而是把它们当作画的本身，填满整个画框。她想让人们以一种不同的方式来看待并尊重鸟类，收到了预期效果。特纳是一位受人尊敬的艺术教师，也是一位热心的环保主义者。

科学插画的时代还在延续，但内容已经发生改变。文艺复兴时期，人们画鸟，主要是为了比较和分类，而当时尚没有公认的系统。今天，我们已经整理出科学的鸟类分类系统，当然，随着我们对世界的认识逐渐深入，对分类系统也在不断进行微调。如今出版的插画版鸟类书籍，无论是野外指南还是画册，主要不是为了科学研究，而是怡情养性。人们可以一遍又一遍地欣赏一只白头雕在森林上空翱翔，或者观看一群五颜六色的大西洋海雀在露头（岩石露出地表的部分）上聚集，而从不会感到厌倦。

现在，既然我们拥有先进的摄影设备和熟练的专业摄影师，为什么还要利用绘画方式创作野外指南？为什么不直接利用照片？答案在于，照片捕捉的是一只鸟在某个特定时间所处的情形，姿势、羽毛、腿和光线都在这一瞬间定格。几秒钟后，再拍的照片与上一张相比可能大相径庭。绘画展现的是鸟的理想姿势和色彩，能够把人的注意力吸引到鸟类最重要的识别特征上。

除了图书插画外，越来越多的个人和组织开始购买或定制以野生动物为对象的单幅画作。也许，他们喜欢野生动物并想保护它们，或者，他们怀恋它们过去的样子。

珍妮特·特纳
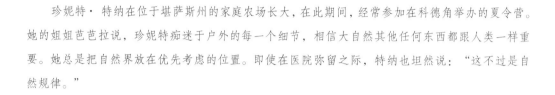

JANET TURNER

美国人，1914—1988 年

珍妮特·特纳在位于堪萨斯州的家庭农场长大，在此期间，经常参加在科德角举办的夏令营。她的姐姐芭芭拉说，珍妮特痴迷于户外的每一个细节，相信大自然其他任何东西都跟人类一样重要。她总是把自然界放在优先考虑的位置。即使在医院弥留之际，特纳也坦然说："这不过是自然规律。"

特纳前往加利福尼亚州斯坦福大学求学，有人劝她不要选生物学，因为"这个专业不适合女性"。因此，她主修历史，选修植物学，后来又选修艺术课。她开始用油毡制作版画，这种版画跟木版画类似，但是是在油毡上雕刻出印刷用的图案。她获得远东历史学位，但找不到工作，于是回到堪萨斯，进入堪萨斯城艺术学院学习，师从托马斯·哈特·本顿。她教了一年书，然后在克莱蒙特学院攻读美术硕士学位，跟米勒德·希茨是同学。

特纳在绘画方面尝试采用不同的形式和题材，以鸟类题材为主。她的蛋彩画《鹈鹕》（参见第 9 页）被选为纽约大都会博物馆美国艺术展的一部分。她继续绘制油画，但最终转向丝网版画，因为用这种方法为凸版画着色节省人力。特纳被选为纽约奥杜邦艺术家协会会员、国家女性艺术家协会会员以及纽约国家设计学院终身会员。她获得哥伦比亚大学教育学博士学位，还担任国家丝网版画学会会长。

特纳为书籍和文章配制插画，并出售版画。1959 年，她接受了加利福尼亚州州立大学奇科分校艺术教育专业的教职。特纳继续旅行、教书并制作版画，在六大洲的 40 个州和 50 个国家举办了 200 场个人画展。

特纳到达加利福尼亚州后，以画当地鸟类为主。她拍摄了数百张照片，经常从所在大学的自然历史博物馆借用鸟类标本。鸟是她所有作品的中心，背景忠实于鸟的自然栖息地。在一幅画中，一只雉鸡躲开天敌窥探的目光，小心翼翼地在茂密的芦苇丛中穿行，抬头却望见一只沼泽鹞鹞正在盯着它。在另一幅画中，树中一只喜鹊与其背后的花朵形成鲜明对比。那棵树似乎是画的焦点，但是喜鹊不知何故却处于树的中心，除此之外，还有两只喜鹊在远处悄无声息地飞翔，填满了花朵没有覆盖到的余下些许空间。

上图：珍妮特·特纳《黑秃鹫》，
1950 年。

左图：珍妮特·特纳《鹭巢》，
1953 年。这张蓝鹭丝网版画描
绘的不仅是鸟，也是某种氛围。

特纳的《珠鸡》（1950 年，参见第 172 页）和《红鹳的卵》（1953 年）都是全画幅构图（表现对象填满整个画面）的例子。这些鸟虽然画得非常逼真，但是姿势和动作却不符合实际。红鹳版画中画有十几只红鹳，长长的脖子向四面八方伸展，令人联想到《爱丽丝梦游仙境》中的一个场景。从这些作品可以看出，她对日本版画的平面技法非常了解。

版画《夜猫子》（1955 年）描绘的是一只美洲雕鸮，这只鸟从一根长满秋叶的树枝后面探出头来，用控诉的眼神直视观众。《越冬的雪雁》（1968 年）可以说是最引人注目的作品，她在这幅画中尝试把油毡版画和丝网版画结合起来。

特纳的版画主要想表现某种氛围，其营造方法通常是背景磅礴厚重，一只鸟或多只鸟点缀其上。在《瀑布和河乌》（1971 年）中，岩石和倾泻的瀑布填满整个画面，河乌在其中显得非常渺小。这种氛围也许正是她想要传达给观众的。在自然界中，你不大可能看到鸟类把你的视野填满，它们只是你广阔视野的很小一部分。

上图：珍妮特·特纳《越冬的雪雁》，1968 年。

下图：珍妮特·特纳《鸡》，约 1948 年。

右图：珍妮特·特纳《黄昏》，1962 年。画中描绘的是一只仓鸮。

亚瑟·B. 辛格
ARTHUR B SINGER
美国人，1917—1990年

亚瑟·伯纳德·辛格在纽约市出生并长大，却对鸟类产生了浓厚的兴趣，在布朗克斯动物园待过很长时间，动物绘画方面的艺术天赋因此得到充分发挥。1939年，他从库珀联合会艺术学校毕业，开始从事艺术教师、艺术指导 和设计师的工作。两年后，他的一些作品在布朗克斯动物园展出。

在第二次世界大战期间服役四年后，辛格于1956年受托为《美国家庭》杂志创作八幅州鸟和州花版画。这次任务完成得很出色，为他又赢得几份画鸟合同。1961年，奥利佛·奥斯丁的《世界鸟类》一书使他声名鹊起，这本书收录辛格的700多幅鸟类绘画，以8种语言出版，卖出了几十万册。1966年，《北美鸟类指南》出版，在这本指南中，辛格使用了自己拍摄的大量照片，辅以野外素描和标本，以期在每一只鸟的羽毛、眼睛和腿部颜色以及鸟的姿势等方面做到尽善尽美。他画的鸟涵盖了不同性别、不同年龄段以及不同季节的羽毛变化。为了把他画的鸟与活鸟放在一起比较，他甚至在马里兰州一个鸟类环志站待过一段时间。他把活鸟放置在它们通常的栖息地，甚至把一只北方嘲鸫放置在电视天线上。这本书与罗杰·托里·彼得森（参见第168页）的鸟类指南丛书都广受欢迎，两者竞争十分激烈。《北美鸟类指南》销量超过600万册，是辛格最出名的一本书。

辛格还为《鸟类家族》《欧洲鸟类》（野外指南）和《动物园的动物》绘制插画。1973年，他为亚历山大·斯库奇的《蜂鸟的生活》绘制插画，描绘色彩鲜艳的蜂鸟的各种动作，其中很多蜂鸟比它们的实际尺寸要大。20世纪70年代，辛格四处旅行，寻找他以前从未见过的鸟类。他为詹姆斯·邦德的《西印度群岛鸟类》绘制插画。（这才是真正的詹姆斯·邦德，加勒比地区一位鸟类学家。伊恩·弗莱明以他的名字为其小说主人公命名。）辛格还为伯特尔·布鲁恩的《七大洲鸟类》绘制插画，但由于出版商去世，这一项目即告终止。

1982年，辛格和儿子艾伦为美国邮政服务署绘制一套包含50个州州鸟和州花的邮票（一张图版含有50枚邮票）；这套邮票成为美国邮政史上最畅销的邮票，总发行量超过5000万套。此后，辛格把大部分时间都用于在画布上作画，并在画廊和博物馆展出自己的画作。如今，他的作品依然深受欢迎。

辛格在职业生涯中，为20多本书和指南绘制过插画，制作版画，在瓷器上作画，还创作过许多水彩画和油画。他坚决支持对鸟类栖息地进行保护，荣获库珀鸟类学会和国家奥杜邦学会颁发的奖章。

上图：亚瑟·B.辛格，《东蓝鸲和玫瑰》，1982年。图中描绘的是纽约州州鸟和州花。

左图：亚瑟·B.辛格，一本野外指南的啄木鸟插画，日期不详。

左上图：亚瑟·B. 辛格《雪地里的环颈雉》，1982 年。

左下图：亚瑟·B. 辛格《七大洲鸟类》，1974 年。图中的鸟为佛法僧和蜂虎。

右图：阿瑟·B. 辛格为亚历山大·斯库奇《蜂鸟的生活》（1973年）一书绘制的封面画。

凯斯·沙克尔顿
KEITH SHACKLETON

英国人，1923—2015年

    凯斯·沙克尔顿是一位艺术家、插画家兼自然学家，以绘制6090厘米（2436英寸）的巨幅野生动物和风景（尤其是南极的风景）帆布油画而著称。他跟很多前辈一样，强调应该在野外研究野生动物。他说，照片、野外指南、电影、标本和博物馆藏画只能作为补充资源，而不能作为主要资源。"你没亲眼见过某种东西，研究工作就无从谈起。你要亲自到野外走一走。"

    沙克尔顿跟著名探险家欧内斯特·沙克尔顿爵士同属一个家族，他与罗伯特·斯科特船长（1912年，斯科特船长曾率队到达南极点）的儿子、画家彼得·斯科特成为好友。二战期间，沙克尔顿在英国皇家空军服役5年，在欧洲和远东战场作战。退役后，他回到英国，进入其家族企业航空公司工作。他在业余时间作画，写了两本书并配制插画。20世纪60年代，沙克尔顿与他人一起主持一档关于动物的电视节目，在此期间，他还决心成为一名全职画家。后来，他独自主持一档关于野生动物的儿童电视节目。

    沙克尔顿和斯科特作为一组自然学家的成员，乘坐"林德布莱德探索者号"邮轮进行过几次科学考察。1969年，该邮轮远赴南极，为今天人们乘坐邮轮前往南极旅游开了先河。他自己创作的书以及为他人绘制插画的书包括《大西洋的鸟类》《水手带你认识海洋鸟类》以及《野生动物和荒野》等。2001年，他的《海上泛舟：乘坐"探索者号"邮轮穿越地球最后几块蛮荒之地的航程》出版（译者注："探索者号"邮轮：即"林德布莱德探索者号"邮轮，1992年更名。2007年，该船在南设得兰群岛附近海域因撞上冰山而沉没），记录了他穿越北极、南极、大西洋和太平洋的旅程。沙克尔顿描绘野生动物和海洋的画作细致入微，既气势恢宏，又饱含深情，两极地区汹涌的海水和阴冷的天空给人以强烈的震撼。

    沙克尔顿在野生动物艺术界非常活跃，担任野生动物艺术家学会会长以及其他几个艺术团体的官员。他积极参与英国皇家鸟类保护学会的"拯救信天翁"运动。他还是彼得·斯科特的野禽和湿地信托有限公司创始会员之一。他因在野生动物方面贡献突出而被授予大英帝国勋章。

上图：凯斯·沙克尔顿《格雷厄姆海岸：雪鹱》，1984年。展现出严酷的环境。

右图：凯斯·沙克尔顿《百慕大圆尾鹱》，日期不详。背景具有印象派风格，鸟的细节毕现。

上图：凯斯·沙克尔顿《惊涛骇浪中飞行的信天翁》，1977 年。

右上图：凯斯·沙克尔顿《雪雁》，1957 年。给人一种强烈的运动感和力量感。

右下图：凯斯·沙克尔顿《哈维加特岛浅滩区涉水的反嘴鹬》，1968 年。哈维加特岛是英国皇家鸟类保护学会管辖的一个沼泽自然保护区。

沙克尔顿的目标是绘制"具有绘画特色的野生动物画"，这话也许是为了强调而显得有些夸张。沙克尔顿认为，以写实方式把动物画得纤毫毕现，与以写意方式把动物再现出来，这两者之间往往存在冲突。照片能够忠实反映自然世界，但在绘画中，如果鸟的每一处细节、每一根羽毛和每一种颜色都做到像照片那样，整幅画就有可能失去生命力和原创性。在一幅画中，背景（动物所处的环境）能够烘托出某种气氛。因此，沙克尔顿首先把动物描绘出来，然后围绕它构建背景，并注意与它相适应。他画的雪鹭和雪雁很好地诠释了这些技巧。

鸟 类 艺 术 对 鸟 类 的 保 护

鸟 类 博 物 志

威廉·托马斯·库珀
WILLIAM THOMAS COOPER

澳大利亚人，1934—2015 年

野生动物插画家威廉·托马斯·库珀被英国广播公司电视台自然学家戴维·阿滕伯勒爵士认为是最伟大的鸟类艺术家之一。阿滕伯勒说，他相信库珀是"当今澳大利亚最伟大的鸟类科学画家"，也许称得上是"世界最伟大的鸟类科学画家"。1993 年，戴维爵士制作了一部关于库珀的电视纪录片，题为《鸟类肖像画家》。

多年来，鸟类学家要么偏向于系统分类学（命名和分类），要么偏向于自然史（即后来的生态学）。到 20 世纪中叶，这两个阵营基本上已经合并。然而，鸟类艺术家依然偏向于自然史，因为他们需要相关知识为所画的鸟类构建心理意象。他们更关注鸟类的栖息地、食物、巢穴、天敌以及行为等，而不是它们之间的关系或名字。库珀的画很逼真，观众能够很容易看出一些鸟与其他鸟之间的关系，但这并不是他的目的。他的目的是要把这些鸟的媚人之处描绘出来，使得人人都爱看。

20 世纪 30 年代大萧条时期，库珀在新南威尔士州一个贫困郊区纽卡斯尔长大。库珀一家人住在一个小棚屋，但他喜欢去逛凯里湾动物园，在那里学会了动物标本剥制术。他对著名的约翰·古尔德的作品很感兴趣，约翰与妻子伊丽莎白（参见第 94 页）曾为《澳大利亚鸟类》绘制插画。库珀在做橱窗设计师和服装店销售员的同时，开始了绘制风景画和海景画的商业艺术生涯。20 世纪 50 年代，他为酒店和私人住宅绘制壁画；遗憾的是，这些艺术作品大部分都已消失。

库珀在绘制自然史和科学插画（尤其是鸟类插画）声誉日隆，便逐渐放弃了商业艺术家的职业生涯。由他绘制插画的第一本书是鸟类学家凯斯·辛德伍德撰写的《澳大利亚鸟类作品集》，1967 年出版。一份美国杂志刊登的一篇书评认为，这些画"画工精湛，构图巧妙，富有感染力和创造性"。另一篇书评表达了类似的观点，"库珀的画从各个方面而言都堪称一流"。1970 年 4 月，库珀第一次离开澳大利亚，到巴布亚新几内亚去画一些不同寻常的鹦鹉。库珀为《世界鹦鹉大全》《极乐鸟和园丁鸟》《澳大利亚鹦鹉》和《凤头鹦鹉和蕉鹃》绘制插画，这几本均由鹦鹉专家约瑟夫·福肖所写。库珀还为斯坦利·布里登的《热带雨林景象》和妻子温迪·库珀的《澳大利亚热带雨林的水果》绘制插画。此外，他还受巴布亚新几内亚政府委托为两套邮票设计图案。

上图：威廉·T. 库珀《高沼地上的虹彩吸蜜鹦鹉》，2012 年。虹彩吸蜜鹦鹉在晨光下吸食草树的花蜜

左图：威廉·T. 库珀《红尾黑凤头鹦鹉》，2013 年。昆士兰州北部沃尔什河畔，雄鸟望着栖息于垂枝白千层上的雌鸟

鸟 类 博 物 志

库珀使用水彩画鸟，画得非常精确，而且往往在野外这样做。他喜欢根据活鸟作画，因此冒险到野外去捕捉鸟类的姿势和行为，甚至留意它们吃的食物。库珀是一个注重细节的人，有一次，他在没带速写本的情况下被困在灌木丛中，恰好一只白翅岩鸠落在附近。他不想忘记这只鸟的姿势和羽毛细节，于是拿出一支水彩笔，在帽檐上画出一幅草图。

1992 年，他因在自然史艺术方面成就卓著而被授予美国德雷塞尔大学自然科学学院金奖，成为该学院 190 年历史上首位获此殊荣的澳大利亚人。1994 年，他因对艺术和鸟类学贡献卓越而被授予澳大利亚勋章。

上图：威廉·T. 库珀《蓝极乐鸟》，1991 年。这幅画以新几内亚热带雨林为背景，描绘了雄鸟倒挂在树枝上向雌鸟求爱的场面

左上图：威廉·T. 库珀《棕胸麻鸭》，2001 年。库珀说："在西澳大利亚州首府珀斯的国王公园，我能够坐在距离一对棕胸麻鸭很近的地方，仔细研究它们美丽的羽毛，由此产生灵感。"

左下图：威廉·T. 库珀《笑翠鸟》，2004 年。笑翠鸟是世界上最大的翠鸟，完全有资格跟鸸鹋争夺"澳大利亚最受欢迎的鸟"头衔。

詹姆斯·芬威克·兰斯顿
JAMES FENWICK LANSDOWNE

加拿大人，1937—2008 年

兰斯顿的鸟类水彩画细致入微，令人联想到约翰·詹姆斯·奥杜邦（参见第 85 页）的作品，其典型特征是鸟的描画繁复细致，但白色背景极为简约。然而，兰斯顿的画比奥杜邦更自然，更逼真。

兰斯顿的父母是英国人，出生于中国香港，在加拿大不列颠哥伦比亚省省会维多利亚长大。兰斯顿从小因患脊髓灰质炎而肢体部分残疾，但在 12 岁时，他就迷上了观鸟。作为一名艺术家，他基本上是靠自学成才（当然，他也受到母亲影响，他母亲接受过中国传统水彩画技法的训练）。1956 年，年仅 19 岁的兰斯顿在皇家安大略博物馆举办了首场个人画展，从那时起，他曾在世界各地多次举办过画展。

1966 年，兰斯顿和约翰·利文斯通合著的《北方森林鸟类》出版。著名鸟类艺术家乔治·米克什·萨顿在评价这本书时说："兰斯顿是一个很有天赋的年轻人，他的鸟类肖像画……既迷人又真实。"兰斯顿和约翰·利文斯通还著有《东方森林鸟类》，萨顿在评价该书第二卷时认为，兰斯顿研究过绘制相同物种的前辈艺术家，但是已经形成了自己的风格。萨顿称赞兰斯顿每一张图版的构图都极为出色，因为他精心挑选每一颗浆果、每一根树枝和每一片树叶，并把它们的位置摆放得恰如其分，这一技巧别人很难掌握与应用。

1977 年，兰斯顿为狄龙·雷普利的《世界秧鸡大全》绘制插画。1979 年，他为唐纳德·斯托克斯的《常见鸟类行为指南》绘制插画。

1984 年，兰斯顿受托绘制《中国珍稀鸟类》，这本书历时 10 年时间才得以完成，因为他要周游全中国，光顾动物园，参观博物馆，并去野外观察。该书由 32 幅版画构成，采用珂罗版印刷技术共计印制 100 套，由兰斯顿签名。

兰斯顿的水彩画以极简的白色或米白色为背景，创作的画作似乎更引人深思，而不是光彩夺目。例如，把奥杜邦的《美洲夜鹰》与兰斯顿的作品放在一起对比可以发现，奥杜邦的两只鸟看起来既丑陋又笨拙，更像鹰而不是夜鹰，而兰斯顿的单只鸟非常高雅，追逐猎物毫不费力。兰斯顿还在作品中把他参考的博物馆标本做了标注，但很明显，他必须对在空中活动的鸟进行长时间观察，才能描绘出如此富有表现力的画面。

上图：詹姆斯·芬威克·兰斯顿《红腹灰雀》，1983 年。

右图：詹姆斯·芬威克·兰斯顿《条纹鹰》，2000 年。条纹鹰携带着猎物，羽毛的纹理和位置在细节上表现得非常精确。

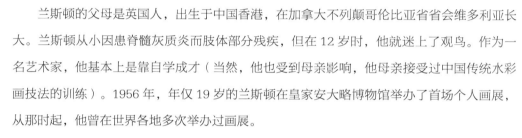

同时代艺术家沙克尔顿和辛格描绘鸟类时，往往会给它们配上适度或完整的背景。兰斯顿跟他们不同，他的画作背景比较简约，一根树枝、几片叶子、一截树桩或一湾流水就行，很像两百年前的伊丽莎白·古尔德、亚历山大·威尔逊和乔治·爱德华兹（参见第 94、75、50 页）。跟同时代其他艺术家一样，兰斯顿很早就受到福尔特斯、奥杜邦和索伯恩（参见第 138、85、127 页）的影响。后来，兰斯顿可能也受到爱德华·里尔和约瑟夫·沃尔夫（参见第 105、109 页）的启发。事实上，兰斯顿在《中国珍稀鸟类》中绘制的一些雉鸡画，使人很容易联想到沃尔夫的风格。

兰斯顿的作品已由加拿大政府赠送给英国王室成员。1974 年，他被遴选为皇家加拿大艺术学院成员。1976 年，他荣获加拿大官员荣誉勋章，颁奖词写道"他是一位具有非凡才能、享有广泛声誉的鸟类艺术家，画出的鸟不仅精当巧妙，而且生动传神。"

1995 年，兰斯顿荣获不列颠哥伦比亚勋章。

上左图：詹姆斯·芬威克·兰斯顿《鸺鹠》，1990 年。相对于这只鸟而言，猎物显得异常大。

上右图：詹姆斯·芬威克·兰斯顿《裸眼秧鸡》，日期不详。

右图：詹姆斯·芬威克·兰斯顿《棕尾虹雉》，选自《中国珍稀鸟类》（1998 年）。

ORNITHOLOGICAL ART EXPANDS

X

鸟类艺术的发展

20 世纪下半叶，鸟类野外指南已经非常普遍，新的指南不断面世，爱好观鸟的人越来越多。任何感兴趣的人只需稍加努力，就能辨认出常见鸟类。还有许多其他图书出版，它们不是教你如何识别鸟类，而是给你提供赏心悦目的插画。《鸟类世界》《世界鸟类》和《鸟类百科全书》之类的书很受欢迎，部分原因在于它们内容丰富全面，但主要原因在于书中带有大幅彩色图片，展示出鸟类妙趣横生的千姿百态和栖息地。

《世界鸟类手册》是一套由 17 卷构成的鸿篇巨制，希拉里·伯恩曾参与绘制插画。该手册是一套百科全书式的参考书，而不是单纯的野外指南，它采用绘画和照片描绘了世界上每一种鸟。每一卷都是厚重的大部头，但是很有吸引力和启发性。

除了书籍，还有版画、水彩画、油画、蚀刻画、雕塑、雕刻及其他鸟类艺术品。有些作品特别写实，简直跟照片一样，例如拉斯·琼森和伊丽莎白·巴特沃斯的一些作品。当然，也有雷蒙德·哈里斯 – 钦之类艺术家的作品，钦的水彩画风格不一，有的精致细腻，有的异想天开，还有的荒诞不经。

过去，鸟被认为是某些事件的象征和预示物。正如绪论所言，鸽子象征爱与和平，猫头鹰象征智慧，鹳会带来婴儿和好运，渡鸦则预示死亡，天鹅象征纯洁，秃鹫象征贪婪。今天，虽然有些鸟的象征意义依然存在，但是已经不再像以前那样重要。大体而言，鸟类是我们与大自然最明显的联系。它们的歌声悦耳动听，它们的色彩斑斓绚丽，它们在空中自由飞翔，它们无处不在，这些现象时刻提醒我们，在我们生活的日常世界之外还有一个鸟类世界。

今天，鸟类艺术承载的美学功能远大于其象征意义。一些作品令我们想起大自然的奇妙，另一些能够激发我们的情感。无论艺术家采用什么媒介，无论他们绘制的是什么鸟，大多数作品都能够愉悦身心。艺术家和他们的作品就像鸟一样千变万化、绚丽多姿。

第 196 页图：伊丽莎白·巴特沃斯《鹭的翅膀》，2010—2013 年。展示的是翅膀下侧和上侧。

右图：拉尔斯·琼森《北极景象》，2008 年。描绘的是雪景中一只矛隼。

雷蒙德·哈里斯－钦
RAYMOND HARRIS-CHING

新西兰人，1939 年—

　　雷蒙德·钦的职业生涯起步较早。12 岁时，他从新西兰惠灵顿一所中学辍学，在一家广告公司当学徒，后来升到了艺术指导的位置。在一次参观完博物馆后，他重拾自己对鸟类的兴趣，开始绘制水彩画，展示自己的作品，并对外出售。1966 年，他在奥克兰举办的第一次大型画展大获成功。

　　柯林斯出版社的威廉·柯林斯爵士是一位苏格兰出版商、鸟类学家，对鸟非常痴迷。柯林斯在钦的第二次画展中看中了他的才华，邀他到伦敦发展。柯林斯出版社和《读者文摘》杂志社想要出版一本关于英国鸟类的大型野外指南，但在遇到哈里斯·钦之前，始终未能找到合适的艺术家。出版商们估计，为给《英国鸟类（读者文摘版）》配制插画，需要 6 位艺术家花一年时间才能完成，而钦承诺独自一人在一年内完成任务。他说到做到，制作了 230 幅全彩插画，也把自己累得筋疲力尽。这本书于 1969 年出版，在随后 40 多年间，衍生出多种平装或精装版本，并被翻译成十余种文字，反复多次重印，成为世界上最畅销的鸟类书籍。

　　后来，他又创作了十多部著作，包括《雷蒙德·钦鸟类绘画：水彩画和铅笔素描 1969—1975》（1978 年）《雷蒙德·钦的艺术》（1981 年）以及《新西兰鸟类：一位艺术家的野外研究》（1986 年）等。1999 年，他设计了一枚名为《达尔文的理论》的英国一等邮票，描绘的是一只鸟站在作为鸟类始祖的始祖鸟化石旁。

下左图：雷蒙德·哈里斯－钦《第一次出门》，21 世纪初。一只母黑天鹅带领几只小天鹅游水。

下右图：雷蒙德·哈里斯－钦《绘画即拥有／学习在有趣的书页上飞翔》，2006 年。钦以一张 1912 年的报纸作背景，从而把现实与幻想糅合在一起。

第 201 页左图：雷蒙德·哈里斯－钦《鹰、隼和鸽子》，2012 年。

第 201 页右图：雷蒙德·哈里斯－钦《红嘴鸥和黑背鸥》，2012 年。描绘的是两只黑背鸥正向一只红嘴鸥发动攻击。

　　钦继续用油彩和水彩作画。他的作品被认为属于保守的现实主义，虽然不注重背景的细节，但是很多鸟画得跟照片一样逼真。跟过去几百年里大多数鸟类艺术家相比，钦的不同寻常之处在于，他并没有花太多时间在野外观察鸟类，而是更喜欢待在城市。

　　钦的绘画风格和内容多变，有时突破了鸟类艺术的界限：把想象与写实相结合，偶尔还在鸟类画像中加入人物。他的作品有些栩栩如生，有些抽象难懂，还有些荒诞怪异。在《鹰、隼和鸽子》中，一只鹰从一群鸽子中叼起一只，其他鸽子吓得惊恐万状，这幅画几乎跟照片一样写实。在《消息迅速传开》中，两只几乎看不见的鸟通过气泡对话框宣布，有人来到一栋棚屋，棚屋位于一片非常逼真的热带森林边缘。《第一次出门》描绘的是一只黑天鹅带着三只小天鹅游水，体现出印象派风格。在《红嘴鸥和黑背鸥》中，两只黑背鸥向一只红嘴鸥（毛利语称为"塔拉庞加"）发动攻击，而一只螃蟹正在考虑是否应当躲到陆地深处更清静的地方。这幅画的底部附有一段手写体说明文字。2006 年，他绘制一幅《绘画即拥有／学习在有趣的书页上飞翔》，描绘一只巨嘴鸟和一名年轻女子在以报纸滑稽漫画版为背景的上空飞翔，鸟和人头顶上气泡对话框都是空的，一段难以辨认的手写体说明文字放在画面一角。虽然他的绘画风格已经由现实主义转向印象主义和想象主义，但鸟类仍然是其主要特征。在这个过程中，他从一个写实的野外指南插画家转变为一个挥洒自如的艺术家，并在自己的领域取得了巨大成功。

Hilary Burn.

希拉里·伯恩
HILARY BURN

英国人，1946 年—

　　希拉里·伯恩是一位非常多产、却也是鲜为人知的鸟类艺术家之一，在男性占主导的艺术领域中格外耀眼。她是 11 本书的主要插画师，还与他人合作为更多书籍绘制插画。她认为自己是一个科学家：一个有艺术天赋的鸟类学家，而不是一个只对鸟类感兴趣的艺术家。她的父亲是绘图员，她的伯祖父是美术教师。她也喜欢观鸟，但称自己并没达到痴迷的地步。她还学会了如何给鸟佩戴环志。

　　伯恩获得利兹大学动物学学位，并在利兹一所综合学校（中学）任教两年。她的丈夫（现已离婚）鼓励她画鸟，并带她去参加英国鸟类学信托基金会的会议。这是她第一次参加会议，在会上遇到鸟类学家、艺术家兼野生动物艺术家学会创始人罗伯特·吉尔莫。

　　伯恩为利兹大学一位教过她的讲师撰写的《潮虫》一书绘制插画，由此拉开自己职业生涯的序幕。她还曾为《果蝇》和《蚜虫》绘制插画。此后，她绘制的插画大都是鸟，偶尔也有哺乳动物。

　　伯恩的画细致入微，既注重鸟的形态和羽毛，又注重它们的栖息地。就她为《欧洲野禽》一书绘制的插画，有一篇评论指出，她画的鸟"栩栩如生，令人着迷"。她为《乌鸦和松鸦：世界乌鸦、松鸦和喜鹊指南》绘制了 122 幅插画。著名鸟类学家兼松鸦研究专家格伦·伍尔芬登说，他看过 90 幅鸦属的插画，很容易就能从中认出短嘴鸦，因为它们都是经过伯恩精心雕琢的。伍尔芬登说："我为伯恩鼓掌。"

　　一位评论家在评论《世界鸭子、鹅和天鹅鉴别指南》时说，她的"插画不仅精美细致，艺术感强，而且色调明快，绚丽多彩，特别适合于鉴别鸟类之用"，"总体而言，堪称指南类书籍中最好的一本水禽绘画合集"。伯恩对自己的作品非常挑剔，她说，"画得好"给人的感觉应当是：仿佛鸟就在纸上，而她是照着描摹出来的。她崇拜的人有鸟类艺术家有阿奇博尔德·索伯恩（参见第 127 页）、埃里克·恩尼昂（参见第 165 页）、罗伯特·吉尔摩以及加拿大艺术家罗伯特·贝特曼。

　　伯恩为《欧洲和西古北界鸟类鉴别手册》（1998 年）绘制插画，还与他人合作为《东南亚鸟类指南》（2000 年）绘制插画。从 1992—2011 年，她与其他几位艺术家合作，共同创作 17 卷本的《世界鸟类手册》，该套书采用图画和照片展示了世界上每一种鸟。她的画细致、清晰、科学，着重强调鸟的"气姿"。她说，她是为了爱鸟的人作画，而不在乎艺术界的评说。

上图：希拉里·伯恩《雄赤颈鸭、雌赤颈鸭及其雏鸟》，选自《欧洲野禽》（1977）。

下图：希拉里·伯恩《鸳鸯及其雏鸟》，选自《欧洲野禽》。

左图：希拉里·伯恩《鹊鸭及其雏鸟》，选自《欧洲野禽》。

左图：希拉里·伯恩《雄绒鸭、雌绒鸭及其雏鸟》，选自《欧洲野禽》。

右图：希拉里·伯恩《加拿大黑雁》，选自《欧洲野禽》。

伊丽莎白·巴特沃斯
ELIZABETH BUTTERWORTH

英国人，1949 年—

　　鹦鹉来自异域，样貌奇特，色彩绮丽，乖巧温顺，经训练能够模仿人说话，因而备受人们喜爱。今天，我们发现它们同样有趣。

　　1436 年，扬·凡·艾克画过一幅圣母子和环颈鹦鹉的画。1533 年，汉斯·巴尔东也画过一幅类似的画，画中是一只灰鹦鹉。1690 年，洪德库特尔绘制《动物园》，这幅画中有几只鹦鹉。1761 年，蒂埃波罗绘制《女人和鹦鹉》。最著名的鹦鹉画家当数爱德华·里尔（参见第 105 页），他为《鹦鹉》一书创作了 42 幅手工着色平版画。里尔与大多数前辈艺术家不同，他的绘画取材于活体标本。

　　今天，我们迎来伊丽莎白·巴特沃斯，她是描绘金刚鹦鹉亮丽羽毛的最佳艺术家之一。她在南美洲热带的金刚鹦鹉自然栖息地细心观察，并把它们带到英国自家的后花园精心饲养。她还在伦敦和纽约的博物馆研究过鹦鹉标本。

　　伊丽莎白·巴特沃斯出生于大曼彻斯特郡罗奇代尔（原属兰开郡），先后在罗奇代尔艺术学校和肯特郡梅德斯通艺术学校学习，最后在伦敦的皇家艺术学院接受培训。1975 年，她在伦敦举办了第一次个人画展，随后在纽约、东京、加拉加斯和阿德莱德等地展出，并在欧洲和美国参加一些团体画展。除水彩画之外，她还创作版画。她的绘画特色体现在《鹦鹉和凤头鹦鹉》（1978 年）、《亚马孙鹦鹉》（1983 年）和《金刚鹦鹉》（1993 年）等作品集中。

　　巴特沃斯经常在南美洲的野外以及英国的自家鹦鹉动物园里作画。她的作品继承了约翰·古尔德和阿奇博尔德·索伯恩两位鸟类学家兼艺术家的传统，但似乎更接近爱德华·里尔的风格，而里尔与其说是科学家，不如说是艺术家。1993 年，艺术史学家兼评论家伊恩·邓洛普在一篇评论中说，巴特沃斯的鹦鹉画非常写实，具有"极端真实的品质"，"在本世纪无可匹敌"。《艺术中的鹦鹉：从丢勒到伊丽莎白·巴特沃斯》（2007 年）一书作者理查德·威尔第把巴特沃斯描述为"我们这个时代最伟大的鹦鹉插画家"。英国新闻杂志《旁观者》专栏作家马克·费舍尔写道，巴特沃斯的"技巧完美无缺……她是一位出色的画家……在严谨科学的记录与富于想象的艺术之间找到了平衡点"。

上图：伊丽莎白·巴特沃斯《葵花凤头鹦鹉头部和铅笔素描》，约 20 世纪 80 年代。

右图：伊丽莎白·巴特沃斯《黄尾黑凤头鹦鹉》，2008 年。

巴特沃斯不仅擅长描绘整只鸟，而且擅长描绘它们身体的部位。一幅里尔氏金刚鹦鹉画展现出鹦鹉头部和两根羽毛的精美细节。一幅棕榈凤头鹦鹉画描绘的是一个未画完的头以及一个画完的头和一根羽毛，同样细致入微。在葵花凤头鹦鹉画中，一只葵花凤头鹦鹉采用铅笔素描，而旁边的头部画得非常细致，两者形成鲜明对比。她还有很多作品只画了翅膀，像照片那样写实。她画的整只鸟都很逼真，而一些翅膀或尾巴的羽毛细节尤为突出，形象鲜活欲出，跃然纸上。

巴特沃斯的作品被超过 25 家机构收藏，其中包括图书馆、博物馆、美术馆和大学，遍布英国、美国、澳大利亚、德国、加拿大、委内瑞拉和南非等世界各地。

鸟 类 博 物 志

拉尔斯·琼森
LARS JONSSON

瑞典人，1952 年—

拉尔斯·琼森是一位鸟类学家兼鸟类艺术家。四岁时，他就开始画鸟。七岁时，父母给他报名参加一项艺术竞赛，结果却被控欺诈，因为"他年纪这么小，不可能画出如此精彩传神的画"。

15 岁时，他在斯德哥尔摩瑞典自然历史博物馆展出自己的画作。20 世纪 70 年代末，他撰写六本鸟类指南并配制插画，其中包括《大海和海岸鸟类》和《山区鸟类》。1999 年，他的五卷本著作《欧洲以及北非和中东鸟类》出版，后来被翻译成好几种文字，成为所有欧洲观鸟者的必读之物。一些人把琼森称为"当今最伟大的鸟类艺术家"。

有人拿琼森的作品跟布鲁诺·利耶夫什（参见第 130 页）（琼森承认曾受其影响）和路易斯·阿加西斯·福尔特斯（参见第 138 页）相比。然而，琼森是自学成才，他的艺术才能是天生的，通过实践得以完善。他的风格多种多样，有近乎摄影般逼真的写实油画，也有偏向印象派风格的水彩画。由于油画颜料需要一段时间才能晾干，因此可以趁机稍做修改，使它们看起来更完美；他的水彩画则笔随意动，一气呵成。

跟众多前辈一样，琼森也花了相当多时间待在野外，随身携带望远镜、铅笔或画笔。他

左图：拉尔斯·琼森《翘鼻麻鸭》，1994 年。翘鼻麻鸭面对观众，这种构图极不寻常。

下图：拉尔斯·琼森《秃鼻乌鸦》，选自《冬季鸟类》（2017 年）。"它们的脸没有羽毛，平添些许人的特征，从正面看去就像一个戴着黑色头巾的老妇人。"——琼森。

通常是从远处用望远镜观察，对着活鸟作画。这种方法非常适合画鹰之类的鸟，它们明目张胆地长时间栖息在开阔的风景中，例如他画的矛隼（参见第 199 页）。在他的画中，很少有鸣禽栖息在灌木丛或树上，因为这些鸟不会在一个地方久留。他用铅笔画素描时非常自信，从来用不着涂改。有时，在没有事先准备好素描的情况下，他会直接使用笔墨作画。琼森比前辈画家具有一个优势，可以使用高速摄影技术记录鸟的运动状态。但是，他在绘画时从不拿一张照片直接照搬，而是把多张照片放在一起仔细揣摩。

正如琼森解释的那样，"我感觉自然有一种强烈的原始力量，吸引着我去作画，去创造一种真实感……这种忠实于自然的理念正是我孜孜以求的"。在《翘鼻麻鸭》中，五只鸭子中有三只从画面中向外张望，它们的正脸展现给观众。在别人的画中，鸭子之间通常是面对面，很少面向观众。然而，琼森的画展现的才是自然界真实状态。《傍晚》描绘的是一只反嘴鹬及其雏鸟，作为背景的天空和水面稍微具有印象派风格，而鸟显得极为逼真。

琼森的作品由好几家机构收藏，其中包括位于美国怀俄明州杰克逊镇的国家野生动物艺术博物馆。该博物馆馆长亚当·哈里斯写道："即使是试图捕捉大自然的美……也需要投入更多思考、更多时间和更多精力，大多数艺术家都不肯这样做，但对琼森而言，作为艺术家，这种投入是不可或缺的一部分。"

琼森所著的《鸟和光：拉尔斯·琼森的艺术》一书既是自传，也是对自己艺术创作手法的描述。该书再现琼森一些速写簿中的速写、野外指南中的图版以及跟实物一样大小的大幅油画，涵盖他艺术生涯的各个不同阶段。

琼森的另一本书为《天与地相接之处：鸟类艺术家拉尔斯·琼森的艺术》，在他于德意志联邦共和国举办第一次画展的同时出版。2009 年，他的新书《拉尔斯·琼森的鸟：来自近地平线的绘画》出版，该书收录 150 幅博物馆级别的全彩作品。鸟类学家兼画家道格拉斯·普莱特在为这本书撰写的评论中写道，琼森拥有与生俱来的绘画才能，他的作品极为优秀，称得上是我们这个时代首屈一指的鸟类艺术家。

他最新面世的一本书是《冬季鸟类》（2017 年）。

上图：拉尔斯·琼森《渡鸦的冬天》，2010 年。非常逼真。

右图：拉尔斯·琼森《傍晚》，1998 年。具有照片一样真实感的反嘴鹬平版画。

戴维·艾伦·希伯利

DAVID ALLEN SIBLEY

美国人，1961 年—

    美国不乏杰出的鸟类艺术家。早期有约翰·詹姆斯·奥杜邦（参见第 85 页），然后是罗杰·托里·彼得森（参见第 168 页），今天我们迎来戴维·艾伦·希伯利。作为鸟类学家弗雷德·希伯利的儿子，戴维很早就开始观察鸟类。他被纽约康奈尔大学著名的鸟类学项目组录用，但一年后退出，独自在北美洲穿行，一路上观鸟并画鸟。

    20 世纪 80 年代和 90 年代，希伯利做观鸟旅游团领队，对当时的野外指南感到失望，因为它们没有展示一只鸟羽毛可能出现的各种变化。作为一个自学成才的艺术家，希伯利创作的第一本鸟类野外指南《希伯利鸟类指南》于 2000 年出版，观鸟界很快就开始把希伯利这个名字视为野外指南的同义词。这本书是迄今为止在美国出版的最详细和最完整的鸟类野外指南，总计收录 6600 幅插画，详细描绘 810 种鸟的羽毛因性别、年龄或季节不同而产生的不同变化，可谓是一项浩大的工程。该书第二版于 2014 年出版，增收 600 幅全新图画和 111 个新物种。一个典型例子是他画的黑顶白颊林莺和栗胸林莺，一页纸上绘有 16 幅图，展示出各种各样的羽毛。

    希伯利在制作插画时，首先用铅笔勾勒草图，然后再用水粉颜料绘制。他花费 6 年时间规划，又花费大约 6 年时间制作。如果说观鸟者对这本书有什么不满的话，那就是它的尺寸：作为一本野外指南，它太大、太沉。后来，他还创作过北美东部鸟类指南和北美西部鸟类指南，书的开本较小，页数较少，便于携带。

    希伯利在第一本野外指南出版以后，又出了八本书，主要是鸟类野外指南，但其中也有一本关于树木的野外指南，一本关于鸟类行为的书，还有一本关于鸟类的配图诗集。他还为许多其他书籍绘制插画，例如《纽约州繁殖鸟地图集》（1988 年）和《一个寒酸鸟迷的故事》（1986 年）。

    希伯利过去经常给鸟拍照，他跟许多其他艺术家的观点一样：实地研究最为重要。他在野外花费很多时间研究鸟的羽毛图案如何构成一个完整图案，以及这些图案如何与整只鸟浑然一体。他的画原作尺寸大约是印刷版的三倍，因此，有时候画中的鸟比真实的鸟还大。他说，最难画的部分是鸟脚。

上图：戴维·艾伦·希伯利《一对树燕》，2014 年。

右图：戴维·艾伦·希伯利《雪鸮》，2001 年。

DAS 2011

上图：戴维·艾伦·希伯利，黑顶白颊林莺（左）和栗胸林莺（右），选自他的《希伯利鸟类指南》（2000年）。

右上图：戴维·艾伦·希伯利《唱歌的黑菲比霸鹟》，2015年。

右下图：戴维·艾伦·希伯利《比威克鹪鹩》，2015年。

　　早年，希伯利深受亚瑟·辛格《世界鸟类》（参见第181页）影响，他不仅研究辛格的画，还研究路易斯·阿加西斯·福尔特斯（参见第138页）的画，尤其是拉尔斯·琼森（参见第211页）的画。他画的树燕跟琼森的作品很像，黑菲比霸鹟可能会令人想起辛格，而雪鸦则令人想起福尔特斯。

　　希伯利的鸟类指南既是艺术，又具有非常实用的价值。他画的鸟都面朝右侧，或是腿部绷直，或是呈飞行中被冻住状，注重实用性，而非装饰性。他对各种鸟描绘得细致入微、栩栩如生，令人钦佩。他的画作堪称完美，野外指南可谓是有史以来的最佳范本。就像词典给单词下定义，希伯利是在给鸟下定义。他的画虽然没有把鸟放在具体环境中，但却极具参考价值。它们表明，以耐心细致、严谨缜密的观察为基础的具象艺术作品，在传达鸟类信息方面仍然起着至关重要的作用。

DAS 2015

DAS 2015

致 谢
CREDITS

The publishers would like to thank the following sources for their kind permission to reproduce the pictures in this book.

Key: t = top, b = bottom, c = centre, l = left & r = right

Alamy: 39; /Artokoloro Quint Lox Limited 40-41, 79; /Asar Studios 35; /Chronicle 91; /History and Art Collection 131t; /Historic Images 10t; /Len Collection 127tl, 127l; /LLP Collection 76, 80; /Natural History Museum 62, 78, 144; /Painters 135t; / The Picture Art Collection 12, 64, 132; /Peter Horree 15; / Ariadne Van Zandbergen 6; **/Biodiversity Heritage Library: 129; /Bonhams: 7; /Bridgeman Images:** Larder with a Servant, c.1635-1640 (oil on panel), Snyders or Snijders, Frans (1579-1657) / Mead Art Museum, Amherst College, MA, USA / Museum purchase 8; /Pelicans, 1951 (silkscreen), Turner, Janet E. (1914-1988) / Dallas Museum of Art, Texas, USA / Dallas Art Association Purchase 11; / A Girl with a Parrot, Netscher, Caspar (1639-84) (after) / Snowshill Manor, Gloucestershire, UK / National Trust Photographic Library 16; / The Bird's Concert (oil on canvas), Snyders, Frans (1579-1657) (after) / Musee des Beaux-Arts, Dunkirk, France 20-21; / Two Iceland Falcons (oil on canvas), Bogdani or Bogdany, Jakob (1660-1724) / Nottingham City Museums and Galleries (Nottingham Castle) 28; /Coursing the Hare, illustration to Richard Blome's 'The Gentleman's Recreation' pub. 1686 (pen and ink with wash on paper), Barlow, Francis (1626-1702) / Leeds Museums and Galleries (Leeds Art Gallery) U.K. 31; / A Decoy, Barlow, Francis (1626-1702) / Clandon Park, Surrey, UK / National Trust Photographic Library 33; /An Owl being Mobbed by other Birds, Barlow, Francis (1626-1702) / Ham House, Surrey, UK / National Trust Photographic Library 34t; /Still Life with a Parrot, Fruit and Dead Birds / Ormesby Hall, North Yorkshire, UK / National Trust Photographic Library 36; /Fruit in a Pewter Bowl with a Parrot, Bogdani or Bogdany, Jakob (1660-1724) / Anglesey Abbey, Cambridgeshire, UK / National Trust Photographic Library 37; /Variety of Ducks by a Pool, Bogdani or Bogdany, Jakob (1660-1724) / Private Collection / Photo © Rafael Valls Gallery, London, UK 38t; / Cockerels and Pigeons, Bogdani or Bogdany, Jakob (1660-1724) / Private Collection / © Partridge Fine Arts, London, UK 38b; / A Turkey, Peacocks and Chickens in a Landscape, Cradock, Marmaduke (1660-1717) (attr. to) / Springhill, County Londonderry, Northern Ireland / National Trust Photographic Library 40; /A Peacock and other Birds in an Ornamental Landscape (oil on canvas), Cradock, Marmaduke (1660-1717) (attr. to) / Private Collection / Photo © Christie's Images 42; /A Fox tethered to a Kennel, terrorising a Cock, Hen and Chicks, Cradock, Marmaduke (1660-1717) / Middlethorpe Hall, North Yorkshire, UK / National Trust Photographic Library 43; / Watercolour illustration from a book of rare birds by G Edwards 1750. George Edwards (1694-1773) was a British naturalist and ornithologist. He travelled extensively through Europe, studying natural history and birds in particular. He gained some recognition for his coloured drawings, and published his first work in 1743-the first volume of A Natural History of Uncommon Birds. / Universal History Archive/UIG 44; / Haematopus palliatus / Natural History Museum, London, UK 46; /A Great White Crested Cockatoo (gouache on blue paper), Schouman, Aert (1710-92) / Fitzwilliam Museum, University of Cambridge, UK 47; /The ivory-billed woodpecker and willow oak (pen & ink with w/c on paper), Catesby, Mark (1679-1749) / Royal Collection Trust © Her Majesty Queen Elizabeth II, 2019 48; /Cyanocitta cristata / Natural History Museum, London, UK 51t; /Dogwood: Cornus florida, and Mocking Bird from the "Natural History of Carolina" (1730-48), Catesby, Mark (1679-1749) / Lindley Library, RHS, London, UK 51b; /Upupa epops / Natural History Museum, London, UK 52; / atercolour illustration from a book of rare birds by G Edwards 1750. George Edwards (1694-1773) was a British naturalist and ornithologist. He travelled extensively through Europe, studying natural history and birds in particular. He gained some recognition for his coloured drawings, and published his first work in 1743-the first volume of A Natural History of Uncommon Birds. / Universal History Archive/UIG 53, 54; / The Northern Penguin, 1749-73 (coloured engraving), Edwards, George (1694-1773) (after) / Private Collection / © Purix Verlag Volker Christen 55; /Dodo, Raphus cucullatus, extinct, and guinea pig, Cavia porcellus. Handcoloured copperplate engraving by Johann Sebastian Leitner after an

illustration by George Edwards in Johann Michael Seligmann's Collection of Various Foreign and Rare Birds, Jan Sepp, Amsterdam, 1772. / © Florilegius 56; / Lesser king bird of paradise, Cicinnurus regius. Illustration copied from George Edwards. Handcoloured copperplate engraving from "" The Naturalist's Pocket Magazine,"" Harrison, London, 1802. / © Florilegius 57; /Red-billed Toucan, 1748 (watercolour) , Schouman, Aert (1710-92) / Rijksmuseum, Amsterdam, The Netherlands 58; / Two red faced lovebirds and a waxbill, 1756 (chalk, w/c & pencil on paper), Schouman, Aert (1710-92) / Private Collection / Photo © Agnew's, London 59; / A Long-tailed Widowbird and a blue-crowned hanging parrot, 1783 (chalk, w/c & pencil on paper), Schouman, Aert (1710-92) / Private Collection / Photo © Agnew's, London 60; /Wild Fowl, Schouman, Aert (1710-92) / Private Collection / © Arthur Ackermann Ltd., London 61t; /BLACK WOODPECKER Wood engraving, c.1797, by Thomas Bewick. / Granger 66; / CROW Carrion Crow (Corvus corone). Wood engraving, c.1797, by Thomas Bewick. / Granger 67l; /PINTAIL DUCK Wood engraving, c.1804, by Thomas Bewick. / Granger 67r; /Great Ash-Coloured Shrike, illustration from 'The History of British Birds' by Thomas Bewick, first published 1797 (woodcut), Bewick, Thomas (1753-1828) / Private Collection 68; / HEN HARRIER Wood engraving, c.1797, by Thomas Bewick. / Granger 69; /Oceanites oceanicus, Wilson's storm petrel, Plate 270 from John James Audubon's Birds of America, original double elephant folio, 1827-30 (hand-coloured aquatint), Audubon, John James (1785-1851) / Natural History Museum, London, UK 81; / American Flamingo, from 'The Birds of America' (aquatint & engraving with hand-colouring), Audubon, John James (1785-1851) / Private Collection / Photo © Christie's Images 82; /Cacatua leadbeateri / Natural History Museum, London, UK 84; /Mocking Birds and Rattlesnake, from 'Birds of America', engraved by Robert Havell (1793-1878) (coloured engraving) (see 195126 for detail), Audubon, John James (1785-1851) (after) 86; /AUDUBON: PHOEBE Eastern Phoebe (Sayornis phoebe), from John James Audubon's 'The Birds of America,' 1827-1838. / Granger 87; /Great blue Heron, 1834 (coloured engraving), Audubon, John James (1785-1851) (after) / National Gallery of Art, Washington DC, USA 88; /AUDUBON: BALD EAGLE [Immature] Bald Eagle (Haliaeetus leucocephalus), from John James Audubon's 'Birds of America,' 1827-1838. / Granger 89; /Pelecanus erythrorynchos, American white pelican, Plate 311 from John James Audubon's Birds of America, original double elephant folio, 1827-30 (hand-coloured aquatint), Audubon, John James (1785-1851) / Natural History Museum, London, UK 90; /Great Bustard / Natural History Museum, London, UK 92; / Hen Harrier, Male and Female, Plate X from 'Illustrations of British Ornithology', 1819-34 (coloured etching), Selby, Prideaux John (1788-1867) / Edinburgh University Library, Scotland / With kind permission of the University of Edinburgh 93; /Eurasian Spoonbill / Natural History Museum, London, UK 94t; /Tyrannus savana / Natural History Museum, London, UK 94b; /Great Eared Owl, 1841 (hand-coloured engraving), Selby, Prideaux John (1788-1867) / Private Collection / Photo © Christie's Images 95; /Picus viridus / Natural History Museum, London, UK 96; / Himalayan Monal Pheasant, from 'A Century of Birds from the Himalaya Mountains', 1830-32, by John Gould (1804-41) (colour litho), Gould, Elizabeth (d.1841) / Natural History Museum, London, UK 97; /Trogon ardens / Natural History Museum, London, UK 98; /Ptiloris paradiseus / Natural History Museum, London, UK 100; /Geospiza magnirostris / Natural History Museum, London, UK 101; /Lorius chlorocercus / Natural History Museum, London, UK 102; /Ornithologie : representation d'un ara (Macrocercus Aracanga), gros perroquet a plumage colore. Planche tiree de ""The Family of Psittacidae, containing forty two lithographic plates, drawn from life"" par Edward Lear, 1832. The British Library Institution Reference: Shelfmark ID: 1899.f.21 'Macrocercus Aracanga', Macaw. 1832. Colourful macaw perched on a branch. Plate 7 from ""The Family of Psittacidae, containing forty two lithographic plates, drawn from life"" by Edward Lear. (London, 1832). ©The British Library Board/Leemage 105; / Crimson-Winged Parakeet (colour litho), Lear, Edward (1812-88) /Natural History Museum, London, UK 106; / "There was an old man with a beard, who said, 'It is just as I feared!'", from 'A Book of Nonsense', published by Frederick Warne and Co., London, c.1875 (colour litho), Lear, Edward (1812-88) / Private Collection / © Look and Learn 107; / Purple Heron (colour engraving), Lear, Edward (1812-88) / Private

Collection 108l; / Snowy Owl, 1832-1837 (hand-coloured lithograph), Lear, Edward (1812-88) / Private Collection / Photo © Christie's Images 108r; /Paloeornis Derbianus, 1831 (w/c on paper), Lear, Edward (1812-88) / The Right Hon. Earl of Derby 109; /Crimson bellied Tragopan, engraved by M. & N. Hanhart, 1870-72 (coloured engraving) by Wolf, Joseph (1820-99) & Smit, J. (fl.1870), Wolf, Joseph (1820-99) & Smit, J. (fl.1870) / Private Collection / Photo © Bonhams, London, UK 110; / Pavo muticus / Natural History Museum, London, UK 111b; /Shoebilled stork, 1861 (colour litho), Wolf, Joseph (1820-99) / Zoological Society of London 112t; / Chrysolophus amherstiae / Natural History Museum, London, UK 112b; / Argusianus argus grayi / Natural History Museum, London, UK 113; /Ceratagymna elata / Natural History Museum, London, UK 148; /A Water Turkey, Mexican Cormorant and a Mexican Grebe, 1934 (w/c & gouache on paper), Brooks, Allan (1869-1946) / National Geographic Image Collection 121; / Huia, from 'A History of the Birds of New Zealand' by Walter Lawry Buller, 1873 (hand-coloured litho), Keulemans, Johan Gerard (1842-1912) / Mark and Carolyn Blackburn Collection of Polynesian Art 122; /Bluebellied Roller, 1893 (hand-coloured lithograph), Keulemans, Johan Gerard (1842-1912) / Private Collection / Photo © Christie's Images 124; /Accipiter nisus / Natural History Museum, London, UK 128; /A Woodcock and Chicks, 1933 (pencil and watercolour heightened with white), Thorburn, Archibald (1860-1935) / Private Collection / Photo © Christie's Images 130b; /Carduelis carduelis / Natural History Museum, London, UK 131; /A Cat and a Chaffinch, 1885 (oil on canvas), Liljefors, Bruno Andreas (1860-1939) / National-museum, Stockholm, Sweden 134; /Black grouse mating game in the moss, 1907 (oil on canvas), Liljefors, Bruno Andreas (1860-1939) / Private Collection / Photo © O. Vaering 135b; /Various ibis perch lakeside, 1932 (colour litho), Brooks, Allan (1869-1946) / National Geographic Image Collection 136; /Strawberry finches, a Bengali finch and Java sparrows (colour litho), Brooks, Allan (1869-1946) / National Geographic Image Collection 138; /Two Swallow-tailed Kites, 1933 (colour litho), Brooks, Allan (1869-1946) / National Geographic Image Collection 139; /Passenger Pigeon, Eastern Morning Dove (colour litho), Fuertes, Louis Agassiz (1874-1927) / Private Collection 141; / A pair of gadwalls, or Anas strepera, 1915 (colour litho), Fuertes, Louis Agassiz (1874-1927) / National Geographic Image Collection 142; / A pair of black flycatchers, also known as Phainopepla, 1914 (colour litho), Fuertes, Louis Agassiz (1874-1927) / National Geographic Image Collection 143l; / James Flamingos in the Andes (gouache, coloured pencil and pencil on board), Peterson, Roger Tory (1908-96) / Private Collection / Photo © Christie's Images 147t; / Bycanistes brevis / Natural History Museum, London, UK 148; /Phoeniconaias minor / Natural History Museum, London, UK 149; /Anastomus lamelligerus / Natural History Museum, London, UK 151; / Egrets (oil on canvas laid down on masonite), Botke, Jessie Arms (1883-1971) / Private Collection / Photo © Christie's Images 160; / White Peacock and Solphus Crested Cockatoos (oil on masonite), Botke, Jessie Arms (1883-1971) / Private Collection / Photo © Christie's Images 161; /Manchurian Cranes (oil & gold leaf on masonite), Botke, Jessie Arms (1883-1971) / Private Collection / Photo © Christie's Images 162; /Sacred Cranes in Tropical River (oil on masonite), Botke, Jessie Arms (1883-1971) / Private Collection / Photo © Christie's Images 163l; /White Peacocks and Magnolia (oil & gold leaf on canvas), Botke, Jessie Arms (1883-1971) / Private Collection / Photo © Christie's Images 163r; /Birds, illustration from 'Life in Pond and Stream', 1943 (colour litho), Ennion, Eric (1900-81) / Private Collection 164; /Bearded Tits, illustration from The Sphere, 1953 (colour litho), Ennion, Eric (1900-81) / Private Collection 165; / Winter flock on flooded fields, illustration from 'The Lapwing', 1949 (colour litho), Ennion, Eric (1900-81) / Private Collection 166; / Ducks, illustration from 'Life in Pond and Stream', 1943 (colour litho), Ennion, Eric (1900-81) / Private Collection 167; / Penguins, Emperor and Others (gouache, watercolour and pencil on board), Peterson, Roger Tory (1908-96) / Private Collection / Photo © Christie's Images 16; / Two Ducks (gouache, watercolour and pencil on board), Peterson, Roger Tory (1908-96) / Private Collection / Photo © Christie's Images 169l; /Warbler (gouache, watercolour and pencil on paper), Peterson, Roger Tory (1908-96) / Private Collection / Photo © Christie's Images 169r; / Woodpeckers (watercolour, gouache and pencil on paper), Peterson, Roger Tory (1908-96) / Private Collection / Photo © Christie's Images 171; /Oropendolas (gouache, watercolour and pencil on paper-board), Peterson, Roger Tory (1908-96) / Private Collection / Photo © Christie's Images 171l; / Tanagers (gouache, watercolour, pencil and ink on paperboard), Peterson, Roger Tory (1908-96) / Private Collection / Photo © Christie's Images 171r; /Guinea Fowl, 1951 (linocut), Turner, Janet E. (1914-1988) / Dallas Museum of Art, Texas, USA / Dallas Art Association Purchase 172; /At the Nest of the Heron, 1953 (silkscreen), Turner, Janet E. (1914-1988) / Dallas Museum of Art, Texas, USA

/ Gift of the Artist 176; /Chickens, c.1948 (linocut), Turner, Janet E. (1914-1988) / Dallas Museum of Art, Texas, USA /Carcass Caucus, 1971 (colour embossed linocut & screenprint), Turner, Janet E. (1914-1988) / National Academy of Design, New York, USA 177; /Richard H. McLarry Prize, 2nd Southwestern Exhibition of Prints and Drawings, 1949 178b; /Beginning of Night, 1962 (linoleum cut & silkscreen), Turner, Janet E. (1914-1988) / Dallas Museum of Art, Texas, USA / gift of the Dallas Print and Drawing Society 179; /Goldeneye female with young, illustration from 'Wildfowl of Europe', 1972 (colour litho), Burn, Hilary (b.1946) / Private Collection 202; /Wigeon with young, illustration from 'Wildfowl of Europe', 1972 (colour litho), Burn, Hilary (b.1946) / Private Collection 203t; /Mandarin Ducks with young, illustration from 'Wildfowl of Europe', 1972 (colour litho), Burn, Hilary (b.1946) 203b; /Eider Duck, male and female with ducklings, illustration from 'Wild-fowl of Europe', 1972 (colour litho), Burn, Hilary (b.1946) / Private Collection 204; / Canada Geese, illustration from 'Wildfowl of Europe', 1972 (colour litho), Burn, Hilary (b.1946) / Private Collection 205; /© **Elizabeth Butterworth**: 196, 206-209; / **Fondo Antiguo de la Biblioteca de la Universidad de Sevilla**: 49; /**Google Art Project**: 14; /**Google Cultural Institute**: 18-19; /**Jonathan Grant Galleries Ltd & ARTIS Gallery**/© **Ray Ching**: 200-201; /© **Lars Jonsson**: 199, 210-213; /**Estate of Fenwick Lansdowne**: 192-195; /**Michigan State University**: 32; /**Missouri Botanical Garden Library**: 50; /**Courtesy Manooka Pty Ltd**: 188-191; /**National Library of Australia**: 147b, 152, 153t, 153b, 154, 155l, 155r; /**Private Collection**: 9, 17, 21, 23, 24. 25, 27, 34b, 65, 71-75, 85, 99, 111t, 114-117, 123, 125t, 125b, 133, 137, 140, 143r, 150tl, 150tr, 150b, 156-159; /**Rijksmuseum**: 61; /**Photo © Muséum national d'Histoire naturelle, Dist. RMN-Grand Palais / image du MNHN, bibliothèque central**: 10b; /**Courtesy of Rountree Tryon Galleries**: 184-187; / **Scovil Galen Ghosh Literary Agency, Inc.**/© **David Sibley** 214-217; /**The Estate of Arthur Singer**: 175, 180-183; /© 2019. Photo Smithsonian American Art Museum/ Art Resource/Scala, Florence: **Turner, Janet (1914-1988): Wintering Snow Geese, 1968. Color linoleum cut and screenprint, image: 14 3/4 x 35 in. (37.5 x 88.9 cm). Gift of the artist (1973.21.2). Washington DC, Smithsonian American Art Museum** 178t; /**Smithsonian Institution Archives**: 120, 126c, 126tr, 126r

Every effort has been made to acknowledge correctly and contact the source and/or copyright holder of each picture and Carlton Publishing Group apologises for any unintentional errors or omissions, which will be corrected in future editions of this book.